PAO〜N《パオ〜ン》
われらラジオ異星人
みんなと歩んだ地方番組の裏側

KBCラジオ PAO〜N 著

西日本新聞社

九州朝日放送・スクリプト

番組名
（サブタイトル）

オープニングトーク
（はじめに・「前ピン」風）

放送日時

月　日（　）
・　A.M
・　P.M
分プロ

制作者

アナウンサー

沢田幸二

摘要

伝説のドラマ「おしん」がスタートして約1カ月後の1983年5月、唐突かつ社運もかけずKBCラジオ夜のワイド番組「PAO～N
ぼくらラジオ異星人」がスタートし、おしん以上の我慢強さでズルズルと放送を続けた挙げ句、気がつけばなんと放送開始40周年を迎えた今日この頃。

「ラジオ異星人ってタイトル、ダサくない？」と、当時思っていた私は「ラジオ」が死語になってしまった現状を憂いながらも、ワイドFMやラジコで「PAO～N」を聴いてくれる今のリスナーは新しい世代の異星人だなと勝手に位置づけるなか、満を持してついに発売した、ラジオをこよなく愛する〝各世代の異星人〟に捧げる「われらラジオ異星人」。

40年前の思い出の片隅に、ラジオが確実に存在したリスナーが思わず「わあ、懐かしいなあ」と思って衝動買いしてくれるだろうとか、80年代シティポップス再評価ブームのどさくさに乗っかかって、当時のサブカルチャー文化を語る際の資料的な読み物としてそこそこ売れるんじゃないかとか、大人の事情、いろいろな思惑がめじろ押し！

「われらラジオ異星人」、良かったら最後まで読んでね！　シクヨロ！

オープニングトーク（はじめに・「前ピン」風）……2

序章 KBCラジオ「PAO～N」をかいつまんで紹介……6

1 細かいことは大目に見てね。放送40年を振り返る

「PAO～N ぼくらラジオ異星人」誕生から終了、復活まで……11

対談 沢田幸二（KBCアナウンサー）＆窪田雅美

★インタビュー PAO～Nとわたし 師岡正雄（フリーアナウンサー）……52

2 細かいことは大目に見てね。放送40年を振り返る

昼ワイド「PAO～N」の復活から20年を経て……59

対談 沢田幸二＆原田らぶ子（タレント）＆佐藤雅昭（KBCラジオプロデューサー）

★インタビュー PAO～Nとわたし 奥田智子（KBCアナウンサー）……106

3 いつもの「PAO〜N」ができるまで 113

4 リスナーと作った誌上（スペシャル）「PAO〜N」 129

5 照美さんに会いたくて文化放送まで行ってきた（日帰り） 141

特別対談 吉田照美＆沢田幸二

★インタビュー　PAO〜Nとわたし　松村邦洋（タレント） 184

★番外編「PAO〜N」女性スタッフ覆面座談会　これが沢田幸二のトリセツだ！ 190

★特別寄稿　忖度しないにもほどがある　髙田郁（小説家） 198

★解説　まだ続いてたの!?は褒め言葉　やきそばかおる（ラジオコラムニスト） 208

★放送開始40周年企画　一挙紹介！＆復活！　サイン盛り 214

アフタートーク（おわりに） 220

KBCラジオ「PAO～N」をかいつまんで紹介

福岡市の九州朝日放送（以下、ＫＢＣ）は、１９６０年代後半から80年代前半にかけてＲＫＢ毎日放送の独壇場だった、平日夜のワイド番組に対抗すべく、76年10月から「ＫＢＣナイトタウン」をスタートしたが、80年4月であえなく終了。

以降、平日夜のワイド番組から撤退していたＫＢＣが3年ぶりに復活させたのが「ＰＡＯ～Ｎ　ぼくらラジオ異星人」である。放送開始日は中途半端な83年5月30日（詳細は第1章にて）。

当初、パーソナリティーは地元タレントとＫＢＣアナウンサーの日替わりだった。

番組スタートから約半年後の同年10月から沢田幸二、師岡正雄、二木清彦の局アナが

★「PAO～N　ぼくらラジオ異星人」
1983年5月30日～90年4月6日
月曜～金曜、22時10分～24時30分
（初回放送・以降、変更あり）

★「PAO～N」
2003年3月31日～現在放送中
月曜～金曜、13時～16時

担当。翌84年4月に二木から奥田智子へ替わり、同年10月から沢田と師岡の二人体制となる。86年4月から番組終了まで、沢田が帯でパーソナリティーを務めることに。

「他局のライバル番組がやらないことをやる」がモットー。電話で出演する2校の生徒が互いの悪口を言い合う「学校対抗・重箱の隅つつき大会」、好きな人に手紙で告白する「恋の伝言板」など、中高生リスナーに受け入れられるコーナーを次々に展開した。なかでも福岡、佐賀両県の高校へ突撃し、校門を叩く「キャンパス漫遊記」は、行く先々で多くの高校生が集まり、収拾がつかなくなるほどの人気を誇った。リスナーと同世代の女子大生アシスタントの「DJギャル」や、大学生アルバイトスタッフらを番組に登場させることで一体感を演出。この距離感の近さがウリだった。

7年の放送の間、多くのイベントを開催した。酒井法子をゲストに迎え、福岡市の福岡第一高校グラウンドで行った「PAO～N大運動会」（参加者は約2千人！）、同市の平和台球場で対戦した「仲村トオル・柴田恭兵＋PAO～N軍団VS西鉄ライオンズOB」（約

20代のエネルギーに満ちた沢田と大学生アルバイトスタッフたち。日付は、1987年7月1日。レコードを保管した一室で撮影したもので、時代を感じる一枚

2万人を動員!!）、福岡県太宰府市の太宰府天満宮で公開生放送した「オールナイトPAO〜N」（これも約2千人！）など、毎回、多くのリスナーが参加し、盛り上がりを見せた。

〝自由に面白いことをやる〟というスタンスで、今では許されないようなゆるくてくだらないコーナーやイベントをとことんやりきった。人気を維持したまま、社内の都合で90年4月に放送が終わったのだった。

★

約13年の空白期間を経て、2003年3月31日に「PAO〜N」が平日昼のワイド番組で復活。メインパーソナリティーの沢田に加え、お笑い芸人やタレント、KBCアナウンサーが日替わりで登場する三人体制となった（詳細は第2章にて）。

放送時間が変わったことやリスナー層の違い、共演メンバーとの相性など、最初は戸惑いがあった沢田。歳とキャリアを重ね、そこ

パーソナリティー全員のコメントが載った、2005年秋の番組表。おすぎは「『PAO〜N』は私にとって言いたい放題自分の意見を言える大事な番組です」と語っている

そこ大人になった沢田は、個性豊かなパーソナリティーの魅力を引き出しつつ、コンプライアンスに抵触しない程度のトークを駆使しながら、番組を進行し続けている。

深夜放送の不規則な生活から、規則正しい生活を送れるようになったことから、「ＰＡＯ～Ｎ」がライフワークとなった沢田。気がつけば、平日昼のワイド番組となって20年が過ぎた。

★

23年5月30日に放送開始40年を迎えた。記念のイベントを催し、グッズを販売、ポッドキャストまで始めた「ＰＡＯ～Ｎ」。ＫＢＣラジオの看板番組として、今日も沢田はマイクの前に座り、高血圧の体に鞭《むち》打ちながら、「前ピン」✪を読むのである。

✪番組冒頭に芸能ネタをしゃべりながら、当日のメニューを早口で紹介すること初々しい〜。

沢田幸二を囲む「DJギャル」たち

1

細かいことは大目に見てね。放送40年を振り返る

「PAO～N　ぼくらラジオ異星人」誕生から終了、復活まで

若さにまかせて、突っ走った。でも、俺たち会社員だからさ

1983年5月30日に始まった「PAO～N　ぼくらラジオ異星人」。
スタートすると瞬く間に、中高生リスナーを中心に人気を集めたが、
会社の方針変更のあおりを受け、放送は7年で終了した。
その後、紆余曲折を経て、13年後に昼の時間帯で復活。
今もメインパーソナリティーを務める沢田幸二と番組を企画した窪田雅美は
会社員の性といえる、さまざまな事情に振り回されながらも番組を盛り上げてきた。
当時、生放送していた第1スタジオで番組の裏側を熱く語りまくった。

沢田幸二

さわだこうじ　山口県岩国市出身。入社4年目に「PAO～N　ぼくらラジオ異星人」のパーソナリティーとなり、以降、現在まで担当。ラジオに心血を注ぐ66歳。趣味は古墳巡り。現在は、KBCエグゼクティブアナウンサー（通称エグアナ）。

窪田雅美

くぼたまさみ　山口県油谷町（現・長門市）出身。KBCにはアナウンサーとして入社。その後、ラジオ制作へ異動になり「PAO～N　ぼくらラジオ異星人」の初代ディレクターを務めた。昼ワイド「PAO～N」復活時はプロデューサーで辣腕を振るった。

暇だった若手時代

窪田雅美（以下、窪）●私は沢田さんの一期下、KBC（九州朝日放送）にアナウンサーとして入社しました。当時のアナウンス部は部員が20～30人ほどいて、沢田さんと同期の和田安生さん[1]、奥田智子さん、山本栄子さんはそれぞれ担当番組があったんです。でも、沢田さんと私は番組を担当させてもらえなかったし、機会すら与えられなかった。

その頃の私は出社しても仕事といえば、ニュースや天気予報を読むばかり。要は暇だったんです。沢田さんとは仕事が終わってから飯を食いに行っていましたね。

そんな状況だったので、持て余していた時間にまかせてラジオ番組の企画書を作って編成に提出したんです。番組名は「カプセルマガジン[2]」。どうせなら自分がパーソナリティーを務める番組を作ろうと思いました。

KBCのようなローカル局の事情なのですが、「サス」という、スポンサーがつかない時間帯の番組があるんです。大体、4月の番組改編時とかに、急に出てくることがある。当時、24時からのニュース後、6、7分の枠がそれだったんです。

私が出していた企画が通って、1982年4月、24時5分から10分間の帯番組、

[1] 山口県下関市出身。元KBCアナウンサー。在籍時はスポーツ実況を中心にラジオ番組も担当。2023年4月から「PAO～N」月曜のパーソナリティーを務める。現在はフリー。

[2] 1982年4月から83年4月まで放送（2005年4月に復活し、07年3月まで放送）。パーソナリティーはKBCの若手アナウンサーが日替わりで担った。同局の夜ワイド中断中、唯一の自社制作番組だった。

カプセルマガジンがスタート。月曜と火曜のパーソナリティーを私が、残りの曜日を沢田さんと奥田さんに担当してもらいました。

ところが、ようやく自分がパーソナリティーの番組が始まったばかりなのに、私はその年の7月にラジオ制作へ異動となりました。カプセルマガジンは、そのまま沢田さんたちが続けてくれたんです。これが面白かったんですよ。

沢田幸二（以下、沢）●カプセルマガジンはアナウンサーがディレクターも担当して、日替わりで好きなコーナーをやる番組だった。リスナーからたくさんのはがきが届いていたから、方向性は良いのかなって思っていたね。

この番組は、後の「PAO～N　ぼくらラジオ異星人」のひな型になったよね。

窪●私はラジオ制作の新人となり、懐メロ演歌系番組のアシスタントディレクターになりました。まだ若かったこともあって、演歌にまったく興味がなかったし、有名な作曲家のコーナーを作ったけど面白くないし、やっぱり暇だった。

『PAO〜N　ぼくらラジオ異星人』前夜のあれこれ

窪●うちは、76年10月から「KBCナイトタウン」[3]を放送していたけど、私が入社前に終了。80年代の始め、KBCラジオは夜のワイド番組から撤退していたんです。その頃は、RKB毎日放送（以下、RKB）の「スマッシュ!! 11《イレブン》」[4]という番組が圧倒的な人気を誇っていました。

　私は懐メロ演歌系番組から「長谷川ひろし　おはよう7《セブン》」[5]に配属され、ディレクターへ昇進。そのときカプセルマガジンの拡大版として、平日夜の生ワイド番組の企画書を出したんです。

　すると、編成が「自社制作の夜の生番組を始める」と突然言い出し、この企画に白羽の矢が立った。これが「PAO〜N　ぼくらラジオ異星人」になるんです。

沢●番組名は、確か窪田が付けたよね？

窪●そうですね。振り返ると、感覚だけで「PAO〜N」と付けたんです。番組名より内容ありき。内容が良ければ、番組名は後から定着するものだと思っていま

3　放送期間は1976年10月から80年4月。KBCが制作した初めての平日夜のワイド番組。パーソナリティーは当時、同局のアナウンサーだった松井伸一らが務めた。

4　福岡のRKBラジオで1969年4月から17年間放送された平日夜のワイド番組。メインパーソナリティーは井上サトルアナウンサー（当時）。洋楽中心の音楽番組で、福岡のミュージシャンをはじめ、若者から多くの支持を集めた。最終回には井上陽水や財津和夫らがゲストで出演。

5　平日朝の情報番組（1980年4月〜87年9月放送）。当時、KBCアナウンサーの長谷川ひろしがメインパーソナリティー。96年4月に復活し、99年3月まで放送した。

したから。

とはいえ、いきなり若手が番組を始めるとなると、社内の関係者から不安の声が上がってきた。そこで、ベテランの落合康雄さんがプロデューサー、私がディレクターという形になった。

すると、落合さんは「『PAO～N』だけじゃ、どんな番組かが分からない」と言い出して「『ぼくらラジオ異星人』って付けたら、夜の番組っぽくなるね」という話になった。私はダサいし、必要ないって抵抗したんですけど、押し切られる形で番組名が決まったんです。

今度はパーソナリティーでひと悶着《もんちゃく》。もめた最大の原因は会社の労働組合でした。当時、社員の夜の勤務は23時30分まで。しかも週2回までという取り決めがあったんです。私は帯で沢田さんに担当してもらいたかったけど、それはできない。つまり、パーソナリティーが最低3人必要。

じゃあ、パーソナリティーは日替わりでいこうとなり、開始当初は月曜が熊本のタレントのかなぶんやさん[6]、火曜はシンガーソングライターの岩切みきよしさん[7]、水曜が師岡正雄、木曜が沢田さん。金曜は二木清彦さん[8]となりました。

社内のアナウンサーでいえば和田安生さん、私の一期下の月俣幸三[9]もいたけど、

6　鹿児島県阿久根市出身。熊本を中心に活動するタレント、ディスクジョッキー。1983年10月まで出演した。

7　宮崎市出身。シンガーソングライター。番組開始から約半年間、パーソナリティーを務めた。

8　北九州市出身。元KBCアナウンサー。「PAO～N　ぼくらラジオ異星人」のスタートから約1年間、パーソナリティーを担当。

9　北九州市出身。元KBCアナウンサー。大相撲など、長くスポーツアナウンサーとして活躍した。

2人ともスポーツ実況を担っていた。空いていたのは沢田さんと二木さん、師岡しかいなかった。ディレクターも月曜と火曜が落合さん、水曜と木曜が私、金曜は佐久間みな子さんという10歳も年齢が離れた人。なかなか苦労しましたね。

さらに、オープニング曲でも一波乱ありました。「子象の行進」が候補に挙がり、私は「リターン・オブ・ザ・ドラゴン」を推したんです。結局、最初は月曜と火曜、水曜と木曜で別々の曲を使うことになった。金曜は覚えていないなー。

そんなこんなで番組名もパーソナリティーも思い通りにいかず、オープニング曲も統一できないまま、「PAO～N ぼくらラジオ異星人」は始まったんです。やっと生放送ができるけど、ある意味で曜日ごとの競争という形だった。

ちなみに、師岡が朝の「元気いっぱい！ ラジオ家族」[10]に移ったとき、「『PAO～N ぼくらラジオ異星人』に残りたい」とごねたんですよ。

沢●そもそも、なんで編成が夜ワイドをやろうって言いだしたのかね？

窪●記憶は定かじゃないですけど、当時、ニッポン放送の夜ワイドは吉田照美さんの「てるてるワイド」[11]（文化放送）に聴取率で差を付けられていたと思います。

---

10 1986年4月から放送した平日朝のワイド番組。パーソナリティーは、師岡正雄と中村智子が担当した。

11 1980年10月から87年4月まで放送された平日夜のワイド番組。当時、文化放送の局アナだった吉田照美がメインパーソナリティー（後にフリー）。突撃レポートなど、ゲリラ的なコーナーや、近藤真彦や松田聖子など、人気絶頂だったアイドルの番組を内包するなど、中高生のリスナーから絶大な支持を得ていた。

確かニッポン放送が83年4月の番組改編時に制作した番組があったはずなんです。毎度のことで東京のキー局からKBCのサスに、この番組を買ってくれという打診があって、編成はまだよく分からない番組を買うより「3年ぶりだけど、自分たちで番組を作ろうか」という話になったんじゃないかな。

このニッポン放送の番組を買わないとプロ野球中継の後、21時台の枠が空いてしまう。うちの編成が急に夜のワイド番組をやろうと動き出したのは、こんな営業的な事情から。想像ですけど、このニッポン放送の番組改編の影響を受けて、「PAO〜N　ぼくらラジオ異星人」の放送開始が約2カ月遅れの5月30日になったんだと思いますよ。キー局の改編のどさくさに紛れて始まったんです。

バタバタと準備しているとき、番組の構成を勉強するために東京へ研修に行ってこいとなった。私は大学生の頃、ニッポン放送でバイトしていたんですが、そこにはあいさつだけして、夜のワイド番組はてるてるワイドだけを見学しました。

帰ってきて検討した結果、構成やコーナーの並びはてるてるワイドがいいなと。冒頭に番組メニューを紹介したり、賞金付きクイズがあって、短い内包番組を挟んで、企画ものがあってという流れが一番しっくりきたんです。この辺りは完全にパクりましたね。

企画は放送していたカプセルマガジンを踏襲した感じです。「PAO～N　ぼくらラジオ異星人」を始めたばかりの頃は、「わけありベスト5《ファイブ》」[12]や「何を隠そう 私は知っている」[13]などのコーナーもやっていましたね。

沢●「PAO～N　ぼくらラジオ異星人」の放送は24時30分までだった。さっき窪田も言ってたけど、俺らは23時30分までしか勤務できなかったから、24時までの残りの30分は日立の提供番組を流して、終了までの30分は事前に収録していたよね。生放送っぽく。疑似生。

窪●毎日、18時30分くらいからですね。最初にエンディングを録音していたので、突発的なニュースなどには対応できませんでした。

沢●いつも一日が「また明日〜」から始まっていたというね。番組の24時台の放送は、スタッフと屋台で飲みながら聴いていた。

窪●当時の技術スタッフは50代のおじさんばかり。自主制作の番組が始まって「仕事が増えるなー」みたいな感じだった。心の中では、ちゃんと仕事してよと。

こぼれ話だけど、24時から終了までの30分を収録したものは冒頭にスタッフが日付と番組名を話して、その後にピーという信号音が流れてから本放送が始まるんです。例えば「8月17日、『PAO〜N』です。ピー（信号音）」みたいな。ある日、会社近くの親不孝通りの屋台で放送を聴いていると、その音がそのまま流れたこともありました。

正直、番組が始まった直後は社内の期待値はほぼゼロでしたね。

沢●カプセルマガジンの放送時間は10分だったけど、「PAO〜N　ぼくらラジオ異星人」は、大体3時間。本当にできるのかなという不安はあったね。

12
リスナーがテープに吹き込んだ替え歌を送り、それを流して面白がるコーナー。「PAO〜N　ぼくらラジオ異星人」でも受け継ぎ、「リクエストわけありベスト10《テン》」という名で好評を博した。

13
有名人や一般の人が持っている秘密を勝手に暴露してしまうネタコーナー。「PAO〜N　ぼくらラジオ異星人」の開始当初も継続した。

自分の居場所をラジオに見いだした沢田

窪●当時から沢田さんのしゃべりは本当にすごかったけど、周囲はそれを分かっていなかったんですよ。私もアナウンサーで入社したんですけど、沢田さんと競争するよりもスタッフとして使う立場の方がいいと即座に思いましたね。

沢●窪田はディレクターに向いてるなと思っていた。アイデアは豊富だし、押しは強いし。屋台に行ったときはラジオの話ばかりしていたよね。

窪●「PAO～N　ぼくらラジオ異星人」が始まる前の沢田さんは、アナウンサーとしての失敗が目立っていたかもしれない。プロ野球のキャンプ取材に飛行機で行った時、宮崎空港のタラップで足をくじいて、そのまま帰ってきたりね。

第35回の福岡国際マラソンでは、コースの折り返し地点で実況していた沢田さんが、並走してきた宗猛と宗茂の顔が見分けられなくて「宗兄弟がやってきました」とリポートしちゃって、そんな実況はないだろって。ゼッケンで見分けられるのに。挙げ句の果てには、ゼッケンを背番号と言ったり。

こんなレッテルを貼られているなか、沢田さんは「PAO〜N　ぼくらラジオ異星人」で勝負するしかないという状況だったと思います。

沢●凡ミスが多いんです。

当時、アナウンサーとしての焦りがあったかな。窪田もラジオ制作へ異動になっていたし、次は俺の番かなぁと。そう思っていたときに、この話がきたので何とかせんといかんなと窪田と話していた。会社からは半年で結果出せと言われたけど、無理やろーって。

窪●クイズコーナーの応募数は、沢田さんが担当する曜日が一番多くて、他の日と比べると数十倍も届いていた。同じ内容でも他のパーソナリティーより何倍も面白い。しゃべりのレベルが

違っていましたね。

結局、番組が始まってから数カ月経って、テーマ曲は今も流れているリターン・オブ・ザ・ドラゴンに統一され、パーソナリティーも放送開始翌年の84年には沢田さんが月曜と火曜、水曜が奥田さん、木曜と金曜が師岡へ代わりました。

スタートからパーソナリティーを沢田さん単独でやれていたら、もっと早くピークが来ただろうし、人気が出ていたと思うんです。

沢●86年からパーソナリティーが俺一人になって、モチベーションが上がったね。自分の居場所はテレビじゃなくラジオだと。当時、ラジオのパーソナリティーに関しては、社内で俺が一番だと思っていたくらいだから。アナウンサーとしてはそうじゃないけど。

窪●ローカル局の聴取率調査は年2回。12~19歳のシェア率が約70%になった。すぐに結果が出たんです。

沢●といっても番組開始1カ月後の数字は散々。次の12月で結果を出さないかんと思っていたら、バンッと聴取率が跳ね上がった。このときだめだったら、翌年の3月で終わってただろうね。

「前ピン」もパクり⁉

窪●「前ピン」もてるてるワイドのオープニングをイメージして、取り入れました。番組がスタートしてから1カ月くらい、原稿は私が作っていたんです。東京で番組を見学したとき、吉田照美さんは放送作家が書いた原稿を読んでいたので、これはありだなと思って。

でも、他の業務が立て込んできたので、無理やり沢田さんに任せたんです。そうしたら、やっぱり面白いんですよ。そこから定着して、ライフワークになったと思います。途中、沢田さんが飽きてライターに頼んでいたけど。

沢●前ピンもね、作っていると飽きてくる。今でもそうだし。最初は週1回だったから負担じゃなかった。それが週2回、週3回になり、帯になると煮詰まるようになったから書いてもらっていたね。

夜ワイドの頃、リスナーの中高生から「前ピン、聴いています」って言われたことがないのよ。そもそも刺身のつまみたいなもんなんで。昼ワイドになってから前ピンが定着した感がある。今は平日13時に番組がスタートするから、前ピンは時計代わりですよ。夜のときはプロ野球のナイター中継が終わって番組が始まっていたから、前ピンの時間も21時30分とか22時とか、まちまちだった。

前ピンという言葉は、たしか落合さんが言い始めたと思う。「へえ、こういうの前ピンって言うんだ」と思っていたし、意味が分からないまま前ピンを使うようになった。前にピントを合わせるみたいな意味だったらしいよ。

最近は太田光さん（爆笑問題）や横山雄二さん[14]（中国放送アナウンサー）が言うようになって、前ピンという呼び名が広がったんじゃないかな。当時、俺は使ってない。

新しい風を吹き込んだ素人たち

窪●人気が出てくると私たちだけじゃ、とても仕事が回らなくなるんです。「ヒットポップスフォーエバー」[15]を沢田さんと一緒に担当していたとき、音楽にやたらと詳しい大学生アルバイトの石田隆之君が入ってきた。彼に『ＰＡＯ～Ｎ

14 宮崎市出身。中国放送（RCC）アナウンサー。担当のラジオ番組は「平成ラヂオバラエティ ごぜん様さま」「ザ★横山雄二ショー」。本業のほか、作家や映画監督など活躍の場は多岐にわたる。

15 日曜朝の音楽番組。パーソナリティーは沢田ひとりで務めた。

ぼくらラジオ異星人』も手伝ってくれないか。友達も連れてきていいよ」と声を掛けたんです。でも、バイト代は払えない。石田君と後輩の瀬筒義久君[16]には沢田さんと私で月5千円のバイト代を手出ししていました。

その後、石田君は「オコノミモンタ」という名前で、水曜に奥田さんと「PAO〜N　ぼくらラジオ異星人」を担当してもらった。石田君は音楽のセンスがあったので、エンディングテーマの「ベイビー・カム・バック」などを選んでくれたんです。後に彼はレコード会社の本部長になったし、瀬筒君はサンケン[17]という制作会社を立ち上げましたね。

それと番組当初から「DJギャル」というアシスタントを起用していました。当時、文化放送もやっていて、女子大生を起用することがブームだった。素人だから原稿を読むことは拙いけど、アシスタントならいいだろうと。

DJギャルのオーディションは、キャラクター重視。そのなかで局アナになった人もいるんです。RKBの下田文代さんやFBS（福岡放送）の舘恭子さんがそう。番組内でパーソナリティーと女子大生という形ができましたね。

沢●大学生アルバイトは良かったね。みんな頭が柔らかいし。

16　福岡県筑紫野市出身。大学生アルバイトのひとり。当時の通称は、お茶くみせっちゃん。

17　ラジオ・テレビ番組や広告などの制作、イベントの企画、運営などを行う制作会社（福岡市）。

窪●年配のディレクターが多いなか、大学生アルバイトが入ったことで若い感性に刺激され、新鮮でしたね。こういう流れを作ったのも「ＰＡＯ～Ｎ　ぼくらラジオ異星人」だったかもしれません。その後、定着してアシスタントやアルバイトがどんどん入ってくるようになりました。

沢●俺らより大学生アルバイトの方が人気あったよね。リスナー代表みたいな存在だったし、中高生と年齢が近かったから。ＤＪギャルはどんな顔をしているんだろうと想像するのが、リスナーは楽しかったのかもしれない。

窪●それは番組が認知された後のことですね。私も沢田さんも毎日の放送で疲れていたから、大学生アルバイトの素人がどんどん番組に出演するようになって、人気を集めました。

ある大学生アルバイトが耳を手術することになって、放送で「入院するからパジャマを送ってください」と呼びかけた

夜ワイド時代の沢田と大学生アルバイト、DJギャル。同世代が集まると、サークルのような雰囲気でにぎやかだった。放送前に、みんなで集まり、腹ごしらえ。

ら、リスナーから5着も届いたエピソードがあるくらい。今、後ろに座っている佐藤雅昭のことだけど。彼らのおかげで、リスナー自身も参加できる番組だという印象を植え付けることができました。

私がバイトしていたニッポン放送は、吉野家へ弁当を買いに行くばかりで、番組づくりは主に放送作家が担っていた。ローカル局は予算がないからそんなことはできない。その代わり、新しい風を吹き込みやすかったことは大きかったですね。

番組が始まって1年ぐらい経つと、次第に話題を集めるようになってくる。リスナーの中高生たちが家で聴いていると、その親たちが興味を示してくるんです。それまで手弁当で制作していた番組だったけど、リスナーの親たちが広告代理店やスポンサー企業に勤めていたりして、だんだんと稼げるようになってきたんです。

2年目以降、KBCラジオの営業担当がどんどん食い付くようになってきて、私は番組づくりよりも、広告案件やイベントをさばくようになっていったので、日々忙殺されていましたね。

沢●アサヒ飲料がスポンサーになって、その缶を蹴るイベントなんかやっていた。今考えるとあり得ないな。

窪●てるてるワイドがイベントでティッシュペーパーの空箱投げをやっていて、それをパクったりもしましたね。

沢●他にも、のりピー（酒井法子）がゲストで登場した「PAO〜N大運動会」[18]、大みそかに開催した「オールナイトPAO〜N」[19]が印象深いかな。今、考えると大掛かりなイベントをたくさんやったよね。その頃は、バブル真っただ中だったし。

窪●このオールナイトPAO〜Nも営業色が強いイベントでしたね。学問の神様、太宰府天満宮が場所を貸してくれて、マルタイが自社製品のラーメンを提供してくれた。会場にサーカスで使うようなテントを設置して、KBCの営業も張り切っていましたね。年越しの公開生放送だったから、受験生が外出できる貴重な一日。合格祈願と称してね。「リクエストわけありベスト10」で人気だったリスナーに生で歌ってもらったり。このイベントは4回くらいやったかな。若者のパワーに圧倒されて、毎回盛り上がりました。

他にも、TDKのカセットテープを売るために購入者限定グッズの「裏ジャックテープ」も作りましたね。当時、中高生のリスナーたちがカセットテープを学校に

18
1987年9月に福岡市南区の福岡第一高校グラウンドで開催。参加者は5つのブロックに分かれ、各競技に出場した。「人間くるくる寿司」「風船カチワリ競争」「おさるのかごや」など、一見ルールが分からない競技も。途中、ゲストで登場した酒井法子のミニコンサートもあり、大盛り上がり。参加者と観客を含め、約2千人が集まったイベント。

19
元日の1時から早朝までの公開生放送。1987年から90年まで実施した。場所は太宰府天満宮鬼すべ堂。来場者は約2千人。今ではできないイベントのひとつ。

持って行って、みんなでもう一度番組を聴き直すという習慣があったから。

番組初期は映画「あぶない刑事」とタイアップして、柴田恭兵さんや仲村トオルさんと一緒にチームを結成して平和台球場（福岡市）で野球の試合もしましたよね。

日中は、イベントなど営業がらみでかなり忙しかったので、後に、会社からイベントは月に2回までと制限されるほどでした。

リスナー大興奮の名物コーナー

窪●沢田さんはリスナーの中高生たちと徹底的に触れ合っていましたね。この「PAO～N　ぼくらラジオ異星人」の成功体験があって、KBCの他のテレビやラジオ番組に素人が出るようになった。これは今も受け継がれていますよね。

人気コーナー「リクエストわけありベスト10」の過去の名作や、オリジナルの「超心理学コーナー」を収録した「裏ジャックテープ」。1987年から88年にかけて制作した代物。

沢●高校を回って校門を叩く「キャンパス漫遊記」とかでロケに行ったら、生徒たちに「どのコーナーが好き？」と必ず聞いていた。彼らに受けないコーナーはすぐに終了。はがきの数とかで人気があるかないかは分かるし、1回限りでやめたコーナーもあるから。リスナーの評判がすべての判断基準だった。ついでにいうと、番組を作っている自分たちが飽きたコーナーは、大体1か月後くらいにはリスナーも飽きちゃうのよ。

早め早めにコーナーを変えることはOKだったし、このスピード感が良かった。ある意味、軽薄だけどね。

窪●コーナーは山ほど作ったなあ。みんなで番組終わりに屋台へ行って飲んでいると、アイデアがどんどん出てくるんですよ。大学生アルバイトも含めて、一体感がありましたね。

ロケをしていると、集まったリスナーたちが沢田さんや大学生アルバイトのサインを欲しがるから、現場に持参してい

「キャンパス漫遊記」は沢田が黄門様に、ラビット浦山が風車の弥七に扮することも（貸衣装）。高校の“校門”を叩いた音を録音して放送で流すくだらなさがうけて、人気を集めたコーナーだった。

た資料の裏にサインを書いて渡していた。

これがきっかけになって、番組表にサインを書いて贈る「サイン盛り[20]」を作りました。こんな文化を生み出したのも「PAO～N　ぼくらラジオ異星人」。すると、それを求める社内の人間も出てくるようになった。テレビ制作や他の部局の社員から見ても浮いた存在でしたね。

沢●俺は頭の鉢が張っているのに、髪を伸ばしていた時期があって、64センチの帽子をかぶっていた。その頃、「最大膨張時64センチ[21]」というネタをやってたのよ。頭が大きくて目も空洞っぽいから、女の子のリスナーが俺に「ハニワ」というニックネームを付けたりね。

窪●リスナーとのこんなやりとりがたくさんありましたよね。「PAO～N　ぼくらラジオ異星人」はリスナーと距離が近かったのが良かったと思います。

沢●今と違って、投稿の主流ははがき。今のメールとは、リスナーの思い入れが違った。番組で読まれるかなという期待感が半端なかった。

20　沢田とDJギャルの全員がサインを書いた番組表のこと。当日の番組で電話出演したリスナーに贈っていた。

21　大学時代の沢田がアフロヘアーにしていたとき、64センチの帽子を被っていたことから生まれた自虐的なギャグのこと。

なかには、はがきというかほとんど手紙みたいなものも届いていた。返信用の切手入りで。自分たちでは処理しきれないから、会社の広報に回していたね。

窪●番組宛てに、1週間で500枚くらいのはがきが届いていたんです。当然だけど、切手とはがき代を払って送ってきていたから、これは本当にすごいことだなと。

沢●投稿した中高生リスナーが、クラスの友達に「俺、『PAO～N』にはがき出したけん、明日聴いとけよ」って。こんなノリがあった。

ラブレターを紹介する「恋の伝言板」[22]で、放送中に「誰々さん、明日体育館の裏に来てください」みたいな感じではがきを読むと、全校生徒が体育館裏に集まるみたいな。もう告白どころじゃないよね。

あと、放送中にマッチ（近藤真彦）や中森明菜、武田久美子のコーナー番組を流していたこともあって、若いリスナーに広がったよね。

[22] 好きな異性へラブレターを出したくても勇気がないリスナーになりかわって、その秘めたる恋心を伝えるコーナー。淡い恋心をくすぐり、中高生に好評だった。

タブーなしでトラブル頻発

沢●てるてるワイドをやっていた吉田照美さんの影響だけど、最初からリスナーのことを呼び捨てにしようと思っていた。初めてオンエアで言うときは勇気がいったけどね。でも、結果オーライ。他のローカル局でもあまりなかったと思うので、差別化できたよ。

窪●リスナーの親から「なぜうちの子を呼び捨てにするのか」という声が届くことがあって。そのとき、僕らは本当の友達に対して君付けなんてしませんよと応対した覚えがありますね。

沢●あと、タブーのない番組にしようと思っていた。下ネタやお互いの悪口を言い合うコーナー、「学校対抗・重箱の隅つつき大会」[23]をやったり。あの高校の制服が変、校歌がおかしい、ヤンキーが多いとか。

窪●そもそも、ひょうたんから駒みたいな感じで始まった番組だったから、怒ら

23 リスナーが他校のアラ（悪口）を見つけ、つつきまくるコーナー。掛け値なしの言い合いになることも。母校愛が空回りし、容赦ないバトルを繰り広げた。

れて当たり前だった。だんだんと人気が出てきて会社から褒められるようになって、ある程度許されるようになりましたね。

沢●当時、俺が意識していたのは中高生のリスナーから見て、ちょっと年上の兄ちゃんみたいな存在になれればということ。

ある日、キャンパス漫遊記でロケをしていて、突撃した高校の生徒が100人ぐらい集まったのよ。すると、学校から苦情がくるようになって、逆にこれはいけるなと感じた。生徒の親からもクレームが来ないとだめだなと思っていたもんね。そうじゃないと他の番組と差別化できないから。

「どこどこの高校の教頭先生に門前払いを食らっちゃいましたよ」と、オンエアでリスナーをあおると味方になってくれる。一種の連帯感だよね。キャンパス漫遊記はいつもゲリラ的だったし。でも、窪田やスタッフたちの尻拭いは大変だっ

沢田と大学生アルバイトスタッフが福岡、佐賀の高校に訪問する「キャンパス漫遊記」。訪れた高校の生徒に囲まれることもしばしば。学校側に許可を取っていないため、ハプニングの連続だった。

たと思う。

窪●厳しい女子校からは、いい顔されなかったし、校長室で説教を食らったりもしましたね。まだ、タブーを破るのが許される風潮だった。

沢●V6の「学校へ行こう！」（TBS）を見たとき、「PAO〜N　ぼくらラジオ異星人」のテレビ版じゃんと思った。学校に行って、生徒を巻き込んで。ぎりぎり90年代後半まで許されていたんだろうね。

窪●高校には取材に行ったけど、中学は行かなかったですね。やっぱり義務教育ですし。

沢●リスナー層は、大体小学5年から高校3年まで。下の子は兄ちゃん、姉ちゃんの影響でラジオを聴くし、中学生は高校生に憧れるから。番組を聴いていた中学生が高校に進学すれば一緒に取り込める。そういうやり方をしていたよね。

番組が当たるか当たらないかはあまり考えなかったけど、始めるタイミングが良かったとは思う。80年代という時代と社内が支えてくれた。「PAO～N　ぼくらラジオ異星人」をやっていくうちに、「俺、ラジオが好きだな。ずっとやりたいな」とは思うようになったね。

テンション高く、しゃべりは速く

沢●振り返ると、俺は「PAO～N　ぼくらラジオ異星人」に志高く臨んでいたかと言われると、そうでもなかったかな。最初、俺は曜日担当だったし。逆に窪田は、番組への思い入れは相当あっただろうね。

だけど、途中から同世代のスタッフと一緒に番組を作るようになって楽しくなった。それまでは大先輩たちと番組をやっていたので、委縮していたというか。

個人的には「こんな感じでいいのかな」「スポーツ実況もちゃんとしないといけないしな」と、どっちつかずだった。上手な後輩アナウンサーがどんどん入社してくるし、「やばいなー。どうしたもんかな」と自分の立ち位置を考えていたね。俺の理想は、スポーツ実況も音楽番組もできるアナウンサー。でも、すべてが中途半端だった。

24
1967年7月から82年7月まで放送された深夜ラジオ番組。ばんばひろふみやおすぎとピーコ、南こうせつ、吉田拓郎らがパーソナリティーを務めた。

25
長崎市出身。元TBSアナウンサー（後にフリー）。「パックインミュージック」「二慶・美雄の夜はともだち」など、数々のラジオやテレビ番組にパーソナリティーとして出演。

窪●和田さんは几帳面、どちらかというと沢田さんはテキトー。同期のアナウンサーが活躍していたので、社内ではちょっと置いてけぼりを食らっていた感じでした。私も同じような状況だったから、似た者同士ですね。

沢●当時、好きだったラジオパーソナリティーは、「パックインミュージック」[24]（TBSラジオ）の小島一慶[25]さんや林美雄[26]さんとか。声が高くて、歯切れが良いしゃべりをする人。意識していたというより、単に好みだったね。

以前、吉田照美さんがKBCのスタジオからてるてるワイドを放送したことがあって、終わった後、屋台で一緒に飲ませてもらったんです。オンエア後に行ったから番組の勢いそのままで、声のトーンは放送中と変わらないなと思って感激したことを覚えている。あー、やっぱりすごいなって。俺がいたからテンション高めでしゃべってくれたけど、普段は静かな人って聞きました。年齢は照美さんが7歳か8歳くらい上かな。

俺は、元文化放送でフリーアナウンサーの野村邦丸[27]君と同い年なんですよ。大学在学中に通っていた東京のアナウンス学校が一緒だった。当時は就職試験の合格者を張り出していて、そのとき野村君が最初に採用されたのは茨城放送だったかな。

---

26 東京府深川区（現在の東京都江東区）出身。元TBSアナウンサー。「パックインミュージック」のパーソナリティーを担当し、同局のテレビやラジオで活躍した。

27 神奈川県川崎市出身。元茨城放送、文化放送アナウンサー。現在も帯番組の「くにまる食堂」、毎週日曜の「ビューティフル・メロディーズ～よみがえる青春ポップス」（ともに文化放送）に出演、現在はフリー。

3年ぐらい前に文化放送とKBCラジオのスタジオを結んで、出演させてもらいました。日本民間放送連盟のキャンペーンで各地の被災地をつなぐというもので、災害の話をしたっけな。

窪●沢田さんはお姉さんの影響か、洋楽に精通していたし、テレビ番組にも詳しかった。マニアックなところが面白いんですよね。

普段は饒舌《じょうぜつ》じゃないけど、カプセルマガジンや「PAO～N　ぼくらラジオ異星人」でマイクの前に立つと人格が変わるんですよ。このギャップもすごい。

沢●俺に限らず、ラジオパーソナリティーはオンエアがスタートして、カフキー[28]を上げたらスイッチが入ると思う。普段からスイッチが入っているやつは疲れるだけ、普段は完全オフ。誰だって人としては裏表や毒があるもん。

局アナは有利なんよ。タレントが過激なことを言っても意外性ないけど、アナウンサーが言えば話題になる。逆手に取るというか。

俺たちは当時、すでに長寿番組になっていたRKBの「スマッシュ!!11」の真逆の路線を走ればいいと思っていた。他局のラジオ番組を聴いて、何でこんなに緩い

28 マイクのオン・オフを切り替えるためのスイッチ。上げるとオン、下げるとオフになる。

んだろうとも感じていたし、しゃべりのテンポが遅いなと。「PAO～N　ぼくらラジオ異星人」をやっていたときは、テンポがめちゃくちゃ速かった。その時代には受けたんだろうね。

窪●このスタンスが功を奏したんでしょうね。

社内の都合で終了、ふたりは安堵

窪●「PAO～N　ぼくらラジオ異星人」の後期は沢田さんも私も忙殺されて、疲弊していましたね。沢田さんは、月曜から金曜まで一人でしゃべって、イベントもやったり、キャンパス漫遊記でロケへ行ったり。

当時、人気だった「風雲！たけし城」（TBS）で草野球するコーナーに影響されて、私たちもチームを作ったんです。この試合と取材が重なって「どっちが大事なんだよ！」と、沢田さんと私が他のスタッフの前で口論になったんです。今思えば、なんてことはないんですけど、その頃は余裕がなくて。振り返ってみても本当に疲れ切っていました。

当時は、ディレクターが2人、毎日2人の大学生アルバイトという態勢。私は営業案件に追われていたから、はがきからネタを選んだり、クイズを考えたり、放送の下準備の多くは沢田さんと大学生アルバイトにやってもらってました。

沢●まあ、好きだからやっていたけど、アイデアもテンションもいっぱいいっぱいだったよね。

窪●番組が始まって6年が経ったころ、いきなり新任のラジオ局長が『『KBCインパックス』[29]だ」と言い出して、自社制作のラジオをすべて情報番組に切り替えることになった。「PAO〜N　ぼくらラジオ異星人」は看板になっていたから、局長から「続けてもいいよ」と言われたけど、朝からずっと情報番組を流すのに、夜だけ「PAO〜N」というのもどうなのよと。じゃあ、やめようかとなったんです。

私たちもヘトヘトだったから、本音はこれで幕が引けるなと思いましたね。

沢●番組が終わるときは31歳か32歳。惜しまれてっていう雰囲気じゃなかった。次の夜ワイド番組が続くことはリスナーも分かっていたし、俺はようやく毎日の夜勤

29　1990年4月から93年3月まで、KBCラジオの番組編成をニュース、情報系に切り替え、構成を統一させた取り組みのこと。

30　福岡県を中心に活動するタレント、ディスクジョッキー。出演番組は「モーニングジャム」（FM FUKUOKA）、「生放送てんじんNOW！」（テレビ西日本）、「ぐっ！ジョブ」（TVQ九州）など。

から解放されるという感じで、あまり感傷的なものはなかったな。自分の中では煮詰まっていたので、良いタイミングだなと。

窪●番組がKBCインパックスへ移行した直後、中島浩二[30]をメインパーソナリティーに抜擢した「3P」[31]という夜ワイドが始まりました。これはこれで当たったんですけどね。

でも、朝から晩まで曲も流れずニュースばっかりの放送ってリスナーも疲れると思うんですよ。私は昼に「イケイケドンドン」[32]という番組を勝手に始めたんです。沢田さんがパーソナリティーで面白かった。久米宏さんの「土曜ワイドラジオTOKYO」（TBSラジオ）の「素朴な疑問」[33]をもろパクリしたんですけど。

しかし、3カ月で営業へ飛ばされた。この番組が続いていたら昼の「PAO〜N」はなかったでしょうね。

沢●KBCインパックス時代は、正直やりづらかった。よく理解していなかったし、興味のない株や経済の話ばかりで。うちの黒歴史と言われている。

31　1990年4月から96年3月まで放送した平日夜のワイド番組。メインパーソナリティーは中島浩二。当初は、元KBCアナウンサーの久村洋子がアシスタントだったが、降板後は女子大生を選抜した「3Pギャル」を起用した。

32　1990年4月から3年間放送。沢田と千木良かおりがパーソナリティーを務めた。後に、沢田と同期の山本栄子が担当。

33　久米宏が担当した「土曜ワイドラジオTOKYO」（TBSラジオ・1978年4月〜85年3月放送）のコーナー。リスナーからの素朴な疑問や質問に答えるため、久米宏が関係各所へ直接電話していた。

窪●結局、3年しか持たなかった。斬新な試みだったけど、少し早すぎたのかな。

空白の13年、復活の裏側

沢●「PAO～N　ぼくらラジオ異星人」が終了してから、上野敏子[34]さんと「情報回遊TV　うるとらマンボウ」[35]など、テレビ番組を担当していた。この番組が99年9月にリニューアルするタイミングでラジオの現場へ行きたいと思って、会社員人生で初めて異動希望をプロデューサーに提出した。で、2000年1月1日付でラジオ制作へ。そのときは作り手側でやっていこうという気持ちだった。そもそも出世欲なんて一切なかったし。

異動して、栗田善成[36]さんと上野敏子さんの「そんなバナナ塾」[37]とかを作っていた。テレビに出演しなくていいからひげを生やしたりね。2年9カ月間、ラジオ制作にいて02年10月にアナウンス部へ戻った。窪田とは数カ月だけ一緒の部署だったかな。

窪●私は「PAO～N　ぼくらラジオ異星人」が終わった後、営業や事業へ行ったりして、02年1月ごろラジオ制作に戻ってきたんです。

34
福岡市出身。元KBCアナウンサー。昼ワイドの「PAO～N」では、2003年3月から06年3月まで月曜に出演した。

35
KBCテレビで1992年10月から2001年3月まで放送。95年3月までは「情報回遊TV 天神マンボウ」という名称だった。

36
秋田県出身。タレント、ラジオパーソナリティー。「栗田善成のそんなバナナ塾」や「栗田善成のまずはラジオでおつかれさん」など、KBC制作のラジオ番組に出演。

37
2000年4月から03年3月まで放送した平日昼のワイド番組。「川柳講」というコーナーが人気を博した。ラジオ制作のスタッフとなった沢田が担当した。

戻してくれたのは当時のラジオ局長で、今はOAB（大分朝日放送）相談役の上野輝幸さん。この前、上野さんへ直接聞いてみたんです。なぜ昼ワイドで「PAO～N」をまた始めたんですかって。

上野さんは、02年9月に営業のゴルフコンペが終わった後、沢田さんと2人で近くの居酒屋へ行って、「2時間かけて口説いた」って教えてくれました。沢田さんは最初、ごねていたけど最終的にはOKしたと。

沢●「PAO～N」の復活なんて、そりゃもう反対！　嫌ですよ。しかも昼に。夜だったから良かったのよ。今さら「PAO～N」なんて恥ずかしかった。どの面下げて復活するんだという感じ。必然性もないし。

窪●上野さんはおすぎさんを月曜、上野敏子さんとかを他の曜日のパーソナリティーに起用して、沢田さんと組ませたらいいという話を周囲にしていたらしい。実は上野敏子さんは、OAB相談役の上野さんの奥さん。いろいろ勘ぐってしまいますね。上野敏子さんはうちの元アナウンサーで、当時はすでにフリーになってたんです。

沢●へえ、それ初めて聞いた。生々しい。なんで「PAO～N」じゃなきゃだめだったのかねえ。窪田を見て、番組の復活を連想したのかもしれないね。

窪●いきなり復活させるのは、会社としてもなんとなく角が立つので、沢田さんの腕がさび付いていないかの確認も兼ねて、03年元日に「PAO～N新春復活祭」[38]を放送。社内的に「PAO～N」でいいんじゃないのと判断したらしい。制作は、中島浩二と一緒に実績を積んでいたサンケンに任せるかという流れになって、同じ年の3月31日からスタートしたんです。

番組はトータルで面白ければいい

窪●さっきも言いましたけど、昼の「PAO～N」

を始めるとき、パーソナリティーを決めたのは上の人間の忖度《そんたく》ですよ。おすぎさんや上野さんたちは、沢田さんから見て目上の人になる。すると、沢田さんが気を使って、面白くなくなるんじゃないかと。私は当時、ラジオ制作の部長だったから気になっていました。

そこで沢田さんが親しい大庭宗一[39]さん、私が中島浩二を連れてきて勢いをつけた感じです。ただ、当初は思い描いていたような聴取率が取れていなかった。ブルーリバー[40]の2人がパーソナリティーになった11年4月頃から、ようやく番組が落ち着いてきたなと。彼らの野球ネタが受けたこともあって、ずいぶん楽になりましたね。

今は忖度する人がいなくなったから、面白い。夜ワイドの時に近いなと思います。

沢●やっぱり番組として、バランスを取ろうと思っていた。帯だから月曜から金曜まで自分が完投しなければならない。野球に例えると、三振を奪うより凡打で打たせて取らないと続かない。週1回なら、完全試合を狙いにいくけどね。だから、イメージでは月曜は20球、火曜は15球みたいな。

「PAO〜N　ぼくらラジオ異星人」の頃は若かったこともあって、そんなことを考えなかった。相手はDJギャルだったから素人。自分でボケて、つっこむ感じ

38
KBC開局50周年記念で、生放送した特別番組。沢田、中島浩二、奥田智子がパーソナリティーを担当した。「PAO〜N　ぼくらラジオ異星人」で人気だったコーナー、「ハニワの部屋」などを13年ぶりに復活。おすぎが電話出演した。

39
福岡市出身。エッセイスト、テレビ・ラジオのパーソナリティー、コメンテーター、NPO法人「博多の風」理事長。昼の「PAO〜N」に、2003年3月から11年3月まで出演。ニックネームは「博多のおいしゃん」。

40
青木淳也、川原豪介のお笑いコンビ。福岡のテレビ、ラジオ番組で活躍中。昼の「PAO〜N」に2011年4月から14年3月まで出演した。

だった。今のパーソナリティーはみんなプロのしゃべり手だから、俺が話題を振って、なにか化学反応が起きればいいなと。

窪●夜ワイド時代の沢田さんはパワーピッチャーだった。今は熟練の技ですよね。相手の受けがうまくなったというか。相手は週1回の出演だから話をしたくてうずうずしている。それをどう引き出すか。沢田さん以外のパーソナリティーは、ネタバレになるんじゃないかと思うくらい、打ち合わせからよく話をしています。沢田さんは、俺が俺がと前に出なくていい。番組はトータルで面白ければいいんです。今だと、月曜（和田安生・コガ☆アキ）[41]と金曜（波田陽区・原田らぶ子）かな。よくしゃべる人を相手にして、沢田さんまでしゃべり始めるとリスナーはうるさく感じますよね。

沢●相手がどんな人かにもよるよね。俺が苦手なのは「トーク泥棒」。すぐ自分の話をするやつ。今、俺がしゃべっているやろって。「私って何々じゃないですか」って話に割って入られると「あなたの話はいらんよ」って、引いちゃう。今、リスナーはおまえの話を聴きたいと思ってないから。後で話を振るから待っといてみたいな。

---

41 福岡県柳川市出身。福岡、佐賀で活動するラジオパーソナリティー。2021年4月から「PAO～N」月曜にレギュラー出演中。

42 主に、KBCが制作するテレビ、ラジオの生放送番組で中継先からリポートするスタッフのこと。現在の名称は「アイタカーリポーター」。

盛り上げようとしているんだろうけどね。話を戻したら、もう一回盛む。共通しているのは、「私は」って主語を付けるの。主語がなけりゃ、まだいいんだけど。

今はみんなまともですよ。トーク泥棒はしない。自分の話とか俺に気を使ったりしなくていいから、とにかくリスナーに話を振ってあげなさいって。

窪●原田らぶ子はどうです？

沢●彼女は頭がいいから。上手に修正してくるんですよ。

窪●彼女は「ひまわり号」リポーター[42]の契約が切れて、その後「PAO～N」が始まった。そのタイミングでアシスタントとしてどうですかって

声かけたんですよ。そこでこなれてきて、おすぎさんから引っ張ってもらって。

沢●らぶ子はやりやすいもん。リポーターの立場も知っているし。ラジオカーの立ち位置も知ってるし、スタジオも回しも両方知ってるからさ。ダジャレも言うし。

言ったもん勝ちの40周年

窪●当時作ったトレーナーとか、グッズは家にも残していないなー。大人のというか、下ネタ満載の「おすぎのいろは歌留多《かるた》」とかも。このかるたを1500円で売りましたよね。確かギリギリ儲《もう》けが出たはず。この復刻版の方が今回の本より売れるかも。40周年の記念Tシャツもよく売れていますよね。「PAO~N」が昼ワイドになった後も番組ロゴはそのままでよかったと思います。今もスタッフがオリジナルのTシャツを着ているし、今日は出演した松村邦洋さんも着てくれていたね。

40周年の記念で他に面白いことできないかな。沢田さんがリスナーの葬式に参列したという想定で弔辞を読んで、それを録音するとか。

沢●生前葬か。夜ワイド時代にそんなことをやったな。中学校の卒業式に行って、クラス40人全員に一言ずつ「贈る言葉」的なコメントを読んだのよ。「高校に行っても頑張れよ」みたいな。

窪●結局、放送した期間で見れば昼の方が長くなったんですね、20年か。夜の「PAO〜N　ぼくらラジオ異星人」は若い頃の瞬発力で始めて、今は経験から得た持久力で勝負。今回、放送開始40周年って言っているけど……。

沢●番組は一度終わっているから、いんちき40周年。まあ、言ったもん勝ちよ。

PAO~Nとわたし

リスナーを巻き込む勢いとノリ いまだに影響力を感じるすごい番組

師岡正雄

もろおかまさお　東京都出身。元九州朝日放送（KBC）、ニッポン放送アナウンサー。プロ野球やJリーグを中心にラジオ実況を務める。1993年、サッカーW杯アメリカ大会アジア最終予選で、イラク戦の「ドーハの悲劇」の実況を担当した。

抜擢に驚いた

元々、僕はスポーツ実況のアナウンサー志望。入社当時、まだホークスが福岡に来ていなかったので、KBC（九州朝日放送）では実況の機会が多くない。どうすればスポーツの実況ができるようになるかなと漠然と考えていた矢先に「PAO~N　ぼくらラジオ異星人」のパーソナリティーを担当することになったので、本当に驚きました。アナウンサーとしても駆け出しの頃でしたから。

自分にできるのか不安でしたけど、谷村新司さんの「セイ！ヤング」（文化放送）や「オールナイトニッポン」（ニッポン放送）、「パックインミュージック」（TBSラジオ）とか、学生時代からずっとラジオを聴いてきたので、憧れはありました。吉田照美さんの「てるてるワイド」（文化放送）というお化け番組があって、しゃべりを参考にしたいと思いましたが、若い自分にできるようなものじゃなかった。

僕は中学、高校、大学で野球やサッカーとか運動ばっかりしていた体育会系。大学在学中、アナウンサーになるための勉強をしていなかったので、とにかく明るく、元気よく、大きな声で「PAO～N　ぼくらラジオ異星人」に臨んでいましたね。リスナーの話を親身になって聞く、いいお兄ちゃんでありたいなと。

男子は沢田、女子は師岡

当時、RKB毎日放送の夜ワイド番組が圧倒的な人気を誇っていたので、みんなで力を合わせて追い付こうという雰囲気でした。パーソナリティー同士はライバル関係ではなかったですね。

昔から沢田幸二さんはあまり意気込みを語るタイプじゃないけど、しゃべりにしてもボケやツッコミにしても生まれ持った才能の人だと感じていました。しゃべりの緩急とか、リスナーへの語りかけ方とか、知らず知らずのうちにまねをしていました。

実は、僕も「前ピン」を書いて読んでいたんです。沢田さんのネタ選びやテンポを意識しながら番組としての一体感を出そうと工夫していた記憶があります。

沢田さんが担当する曜日は、面白いネタを送ってくるはがき職人もいて、特に中高生の男子リスナーから人気がありましたね。一方、僕は比較的女の子からの投稿が多かった。好きな人にラブレターを書いて告白する「恋の伝言板」には、はがきや便せんがたくさん届いていました。

しゃべりでは沢田さんには及ばなくても、ここだけの話、沢田さんよりモテていたかも。バレンタインデーにはリスナーから段ボールいっぱいのチョコレートが贈られてきていました。沢田さんが「わしはたったこれだけ……」と言ったかどうかは定かじゃないですけど。

沢田さんは二期上ですが、先輩風をまったく吹かせないし、偉そうな感じは一切ない。僕はため口でしたけどね。人気番組になってからは担当する曜日に関係なく、反省会という名の集まりを天神（福岡市）の屋台で開いていました。

独身時代、住んでいるところも近かったので、お互いの家をしょっちゅう行き来していました。沢田さんの部屋は荒れていたなー。大みそかの「オールナイトＰＡＯ～Ｎ」の終了後、沢田さんの実家の食堂へ行ったとき、ラーメンをごちそうになって、ご両親に会いました。２人のときは音楽や映画の話ばかり。仕事の話はほとんどしなかったな。結婚した後も家が近所だったので遊びに行ったりして、本当に仲良くさせてもらいましたね。

女子高前でゲリラインタビュー

当時は女子高に突撃するコーナーとか、無茶な企画をやっていましたね。学校の敷地に入らなければ問題ないという勝手な理屈を立てて、校門から出てくる生徒にインタビュー。事前に放送で「〇〇区の高校に行くかも」みたいに匂わせて、ゲリラ的にやっていました。ある女子高では、校内放送で「取材に付いていってはいけません」って注意されて、早々に退散しました。

印象に残っているのは、番組冒頭である会社の女子寮の前からアポなしで生中継したんです。寮の前の道路から「今、ラジオを聴いている人がいたら部屋の窓を開けてください」と呼びかけたら、ほとんど開いちゃった。キャーキャーと大騒ぎになって、寮長さんに怒られて、僕はディレクターを残して一目散に逃げました。

他にも、沢田さんと僕で「電車ごっこしましょう隊」というのを結成して、ロープで作った輪の中にどんどん人が入ってきて、天神から近隣の公園まで歩きました。振り返ると、脈略ないことばかりですね。

「ＰＡＯ～Ｎ　ぼくらラジオ異星人」はスタジオだけでなく、どんどん外に出て行って、リスナーに触れ合おうというスタンスでした。とにかく反響がすごかったし、やっていて楽しかった。

その頃の僕はパーソナリティーにもやりがいがあったけど、ずっと続けていけるのかなとも感じていました。このままだったら、沢田さんの右に出ることはできないし。やっぱりスポーツ実況をメインでやりたいという気持ちが強かったので、どこかで挑戦しなければと考えていました。

学生に戻れる場所

私が「ＰＡＯ～Ｎ　ぼくらラジオ異星人」を降りたのは、番組改編期に「元気いっぱい！　ラジオ家族」という朝の帯番組を担当することになったから。離れるのは寂しかったですね。沢田さんという優しい先輩と大学生アルバイト、ＤＪギャルがいて、僕にとっては学生に戻れる場所でした。ＫＢＣを離れてからスポーツ中継を中心にいろいろな番組をやらせてもらって感じるのは、「ＰＡＯ～Ｎ　ぼくらラジオ異星人」みたいなゲリラ的な番組づくりは、今のキー局では難しいだろうなということ。この番組の機動力と発想力は本当にずば抜けていました。

時々、沢田さんに誘われて、昼の「ＰＡＯ～Ｎ」に出演させてもらってます。番組が40年も続いているなんて、信じられないぐらいすごいこと。東京にある球場で仕事をしていると、今でも「学生のときに聴いていました」と声を掛けられます。僕という存在と「ＰＡＯ～Ｎ　ぼくらラジオ異星人」を結びつけて懐かしんでくれるのは本当にうれしい。

お願い！　ずっと続けて

２０２３年の春、久しぶりに沢田さんと会いました。若い頃と印象は変わらないですね。毛量が少し減ったくらいで。もともと騒ぐタイプじゃなく淡々としゃべる感じ。そして聞き上手。人に尻尾を振らないけど、存在感はありますもんね。

僕にとって沢田さんはずっと背中を追いかけてきた存在で、パーソナリティーのいろはを教えてくれた人。今はなりわいとしているフィールドは違いますが、尊敬しています。

だから、沢田さんには死ぬまで「ＰＡＯ～Ｎ」を続けてほしい。年齢を重ねるごとに、かむほどに味が出る人はそういないです。沢田さんが楽しいと思う間は番組を続けてほしいし、会社は沢田幸二を辞めさせないでほしい。心からのお願いです！

みんな若い〜。

（左から）原田らぶ子、沢田幸二、おすぎ。2003年3月に復活した「PAO〜N」開始時の月曜パーソナリティー（03年頃、撮影）

2

細かいことは大目に見てね。放送40年を振り返る

昼ワイド「PAO～N」の復活から20年を経て

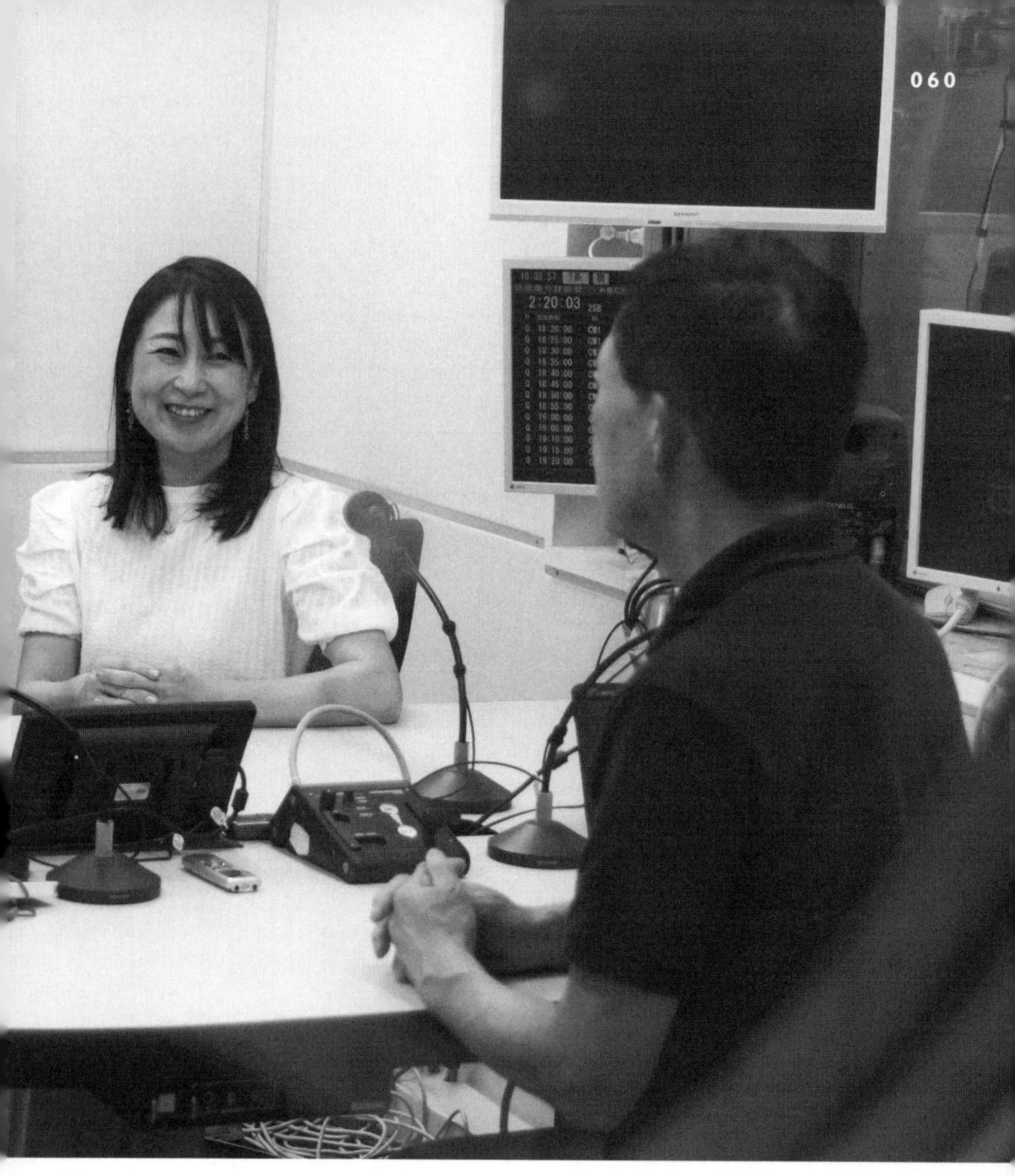

佐藤雅昭

さとうまさあき　北九州市出身。大学在学中にアルバイトで、「PAO～N ぼくらラジオ異星人」に関わる（当時の通称は佐藤すけこま）。その後、KBCメディア（当時）に入社。昼ワイドの「PAO～N」では、ディレクターとプロデューサーを務めた。

原田らぶ子

はらだらぶこ　福岡県嘉麻市出身。大学卒業後、当時のKBCラジオカー「ひまわり号」リポーターとして活動。平日の昼ワイドとして復活した「PAO～N」には、2003年3月からパーソナリティーとして参加し、現在も出演中。趣味はキャンプ、1児の母。

飽きなくて、続けられる理由は聴いている誰かのためだから

「PAO〜N」が平日昼のワイド番組で復活して20年が過ぎた。
そもそも復活に乗り気でなかった沢田幸二は、
会社の業務命令に渋々応じた形でスタートした。
昭和から平成、令和へと時代が移るなか、ラジオを取り巻く環境も変わった。
だが、番組は今も続いている。
昼の「PAO〜N」をパーソナリティーとして支えてきた原田らぶ子、
夜ワイド時代は大学生アルバイト、復活時はディレクターだった佐藤雅昭。
今の「PAO〜N」は、3人にとってどんな存在なのか、
これからどんな方向へ歩むのか。オンエアのノリでしゃべりまくった。

出戻りのらぶ子

沢田幸二（以下、沢）●らぶ子は「PAO～N」に出るようになって、どれくらい？

原田らぶ子（以下、原）●昼が始まってから7年いて、3年間だけ夕方の「らぶチャンネル」[1]を担当していたので外れたんです。復帰してから10年。外れていたことを覚えてないでしょ？　実は出戻りと言われています。

佐藤雅昭（以下、佐）●そうだったっけ？　忘れていたね。

原●私は1998年4月から2003年3月まで、「ひまわり号」リポーターとして仕事させてもらって、年長だったのでリーダーも務めました。
　最初は「PAO～N新春復活祭」に出演させてもらったんです。たしか、熊本の英太郎[2]さんもリポーターで出てたかな。その一日だけでしたけど、好きな「PAO～N」に関われて感激でしたね。
　リポーターを卒業して、すぐ窪田雅美さんから「PAO～N」に誘っていただい

1　KBCラジオで2011年4月から14年9月まで放送したスポーツ・情報番組。原田らぶ子がパーソナリティーを務めていた。九州朝日放送（KBC）のスポーツアナウンサーらと共演。

2　熊本市出身。熊本を拠点に活動するタレント。歌手や俳優など、レパートリー豊富なものまねを武器に、テレビやラジオ、コマーシャル、イベントで活躍中。

たんです。「オーディションはないから」って。栗田善成さんの「まずはラジオでおつかれさん」[3]か「PAO〜N」のどちらかになると言われたんですけど、「『PAO〜N』をやります！」って即答しましたね。アシスタントでした。

当時から沢田さんはすごい人という印象。アナウンス部から異動され、ラジオ制作にいるときもお会いいましたし。私は夜の「PAO〜N　ぼくらラジオ異星人」を聴いていたので、沢田さんと仕事ができることはとにかくうれしかったです。

大人の番組にしなきゃ

佐●昼ワイドで「PAO〜N」が復活することを告知したとき、リスナーからの反響とか周囲の期待感とかあんまり感じなかったですね。とにかくバタバタしたなかでスタートした覚えしかない。

沢●本当にそうやったね。

佐●始まってもなんかふわっとしていましたね。

3　放送期間は1975年4月〜88年3月、2003年4月〜11年3月。KBCラジオの平日夕方のワイド番組。略称は「まずラジ」。

沢●そもそも昼の「PAO～N」って何なんって。初めは共演するパーソナリティーもほとんど年上だったし。個人的には、もう別番組っていう感じ。昼の番組は、夜ワイドを聴いていた当時の中高生リスナーと層が違うからね。大人の番組にしなきゃいけないんだろうなと思いながら、大人の番組ってどんなのって。

佐●番組がスタートしてからも迷っていましたよね。「PAO～N」の最初の企画は、私が所属していた制作会社のサンケンが中心になって決めていったけど、ほぼ手探り。当時は仕事でパソコンを使っていたかどうかのタイミングだったので、資料はあまり残ってないですね。KBCメディア[☆4]のスタッフもいたけど、夜ワイド時代を経験していたのは、私と瀬筒義久さんくらいかな。

沢●夜の「PAO～N　ぼくらラジオ異星人」臭は、極力

平日昼のワイド番組で復活したときのタイムテーブル。第1回の放送日は2003年3月31日。写真の沢田はすました表情をしているが、内心は……。年齢は当時46歳。

払拭したかった。大人が聴いても面白いネタコーナーならいいけど、昔のコーナーはやりたくない。選曲もアイドルの曲よりは歌謡曲かなみたいな。昼のリスナー層がはっきりしなかったし、共演相手との相性も分かんないし。

会社は前の雰囲気を期待していたし、想定していたと思う。夜ワイド時代を知るリスナーはがっかりするだろうなと。でも、自分の中ではその頃のリスナーを引っ張ってくる気持ちはなかったし、「PAO〜N　ぼくらラジオ異星人」を知らない人に向けてしゃべろうかなと思っていた。だって、恥ずかしいもん。

当時のラジオ局長だった上野輝幸さんから打診されたんだけど、「また始めるの？」って。最終的に俺はサラリーマンだし、復活は業務命令だったからやることにした。腑に落ちなかったけど、割り切ったよね。

それでも夜のジングル[5]を使うのも抵抗があったし、今もそう思うもん。

佐●夜ワイド時代のジングルは、たまたま捨てずに取っておいたんですよ。

原●私は小学生の頃、兄と姉の影響で「PAO〜N　ぼくらラジオ異星人」を聴くようになったんです。ドキドキしながら「恋の伝言板」を聴いてましたね。「超

4　KBCのグループ会社で、同局のラジオ番組などの媒体も制作する会社。現在は社名を変更し、「KBC UNIE」。イベント企画や広告代理業、KBCシネマの運営なども行う。

5　放送中、CMや楽曲、コーナーなど、番組の切り替わりに流す短い音楽のこと。

心理学コーナー[6]」も面白かった。ちょっと背伸びして、上の世代に付いていくみたいな感覚ですよね。実は、RKB毎日放送の「HiHiHi《ハイハイハイ》」[7]もよく聴いていました。「PAO～N」が復活すると聞いてすごくうれしかったんですけど、まさか沢田さんがそんなに後ろ向きだったとは知らなかったですね。

確かに、昼の「PAO～N」がスタートしても、夜ワイド時代の振り返りとかしなかったですよね。リスナーから聞かれたら「君も大人になったね」とかしゃべってましたけど、私たちから話すことはなかったです。

沢● 夜ワイド時代の速いテンポのしゃべりだと、昼のリスナーは付いてこないと思っていた。

「PAO～N」を始めるときは、自分をもう一度立ち上げるという感じ。戸惑いはすごくあった。

原● 共演のおすぎさんにも気を使いますし。上野敏子さんも年上、大庭宗一さんなんてもっと上の世代ですし。沢田さんは「俺はおとなしくして、相手にしゃべってもらうから」って言ってましたもんね。

---

6 「PAO～N　ぼくらラジオ異星人」時代のネタコーナー。霊体験やUFOなど、不可思議な出来事を紹介していた。奥田智子が担当していた頃に人気が出て、定着した。

7 RKBラジオの平日夜のワイド番組（1986年4月～93年4月）。福岡市出身の俳優、山崎銀之丞らがパーソナリティーを担当した。オーディションで選ばれた女性アシスタント「象足シスターズ」が曜日ごとに出演。

8 毎週1回、いろはかるたの読み札の「いろはにほへと……」から始まる、ネタを番組で募集。夜の大人たちが楽しむような投稿が集まった。大賞に選ばれたネタを載せた「おすぎのいろは歌留多」を商品化。

沢●おすぎさんがいたから、ちょっと夜の匂いがするコーナーもやってたけどね。「おすぎのいろはカルタ」[8]とか。おすぎさんが言うと、下ネタっぽく聴こえないというのを逆手に取ってね。

原●おすぎさん、喜んでやってましたよ。

沢●そんな感じで、俺じゃなくておすぎさんがしゃべるから聴くみたいな番組にしようと思っていた。「PAO～N」とか関係なく、別の番組としてね。

一緒に出演するパーソナリティーは日替わりだから、各曜日のイメージをリスナーに植え付けるために「おかまな月曜日」「元気でもっこりの水曜日」「尻上がりの木曜日」とか「前ピン」なんかで言うようになったと思う。夜ワイドを始めた頃、俺が木曜を担当していたときに、埴輪《はにわ》に似たパーソナリティーが話してますよと印象づけるために「埴輪な木曜

月曜に出演していたおすぎのコーナーから誕生した「おすぎのいろは歌留多」。読み札と絵札からは、いかがわしさが漂う。説明書にはネタを投稿したリスナーのラジオネームを載せている。

日」って言っていた気がする。それを昼も踏襲したのかね。

原●最初、私の担当は月曜と火曜、木曜でした。水曜は大庭さんと奥田智子さん。金曜は二人体制で始まって、その後に私と栗田善太郎[9]さん、私と武内裕之[10]さんとか。私は暇だったんでいつでも入れたんですけどね。ありがたいことに「ＰＡＯ〜Ｎ」は続けさせてもらいました。

沢●やっぱり子育ての話をしなきゃいけないのかなと思ったり、さすがに学校の話はできないよなと考えたり。サラリーマンはリストラで大変なんですよとか。そんなときは、おすぎさんや上野さん、大庭さんに話を振っていたね。昼のリスナーにどんな話題が受けるのか、試行錯誤の毎日だった。

昼の「ＰＡＯ〜Ｎ」の形が徐々に見えてきたのは、少しずつリスナー層がはっきりしてきて、自分の体が昼の仕様になっていったこと、一緒にしゃべるパーソナリティーにも慣れてきて、こういう話題を振れば、こんなリアクションをするなと分かってきた頃。でも、手応えを感じたことはなかったね。

---

9 福岡市出身。ラジオパーソナリティー。音楽に精通し、特に地元ミュージシャンやロックバンドと交流がある。「ＵＲＢＡＮ ＤＵＳＫ」（ＣＲＯＳＳ ＦＭ）などでメインパーソナリティーを務める。昼の「ＰＡＯ〜Ｎ」には、２００４年３月から０８年９月まで、金曜に出演。

10 元ＫＢＣアナウンサーで、現在はラジオ営業部の部長。アナウンス部時代は、深夜のテレビ番組「ドォーモ」の司会を担当した。野太い声が特徴で、沢田幸二が放送中によくものまねを披露する。

佐●コーナーは飽きたらやめるという感じで、どんどん変更していきましたね。「社長の椅子」[11]は続いたような記憶がありますけど。他には、おすぎさんが担当されていた映画コーナー、今も続く「本と（ホント）な話」[12]くらいかな。クイズは形を変えて、ずっとやっています。

昼ワイドになってからも、イベントはいろいろやったなぁ。放送開始25周年記念で開催した08年の「名刺交換会」[13]で、沢田さんは微妙な表情でリスナーと名刺を交換していましたね。

沢●あれは、めちゃくちゃ恥ずかしかった。

おすぎの言葉

原●最初の頃は、番組の進行に付いていくだけで精いっぱいでした。

今でも覚えていますけど「PAO〜N」出演の初日、月曜におすぎさんと沢田さんと一緒に出させてもらったときのこと。放送終了後に窪田さんが近寄ってきて『PAO〜N』に良い子はいらないから」って言われたんですよ。

11　沢田が企業を訪問し、社長にインタビューするコーナー。最後に沢田がその社長が座っている椅子に腰かけ、感想を述べる。

12　地元ゆかりの作家や書店員、出版社社員などから、本にまつわるトークを展開する月曜コーナー。沢田幸二がお薦めの一冊を紹介することも。

13　博多リバレインで開催したリスナーとの交流会。沢田やおすぎなど、パーソナリティー7人が勢ぞろい。参加者との歓談や記念撮影などを楽しんだ。司会は奥田智子と原田らぶ子。約200人が訪れた。

わーっと思って……。とにかくスポンサー名が付いた枠を間違えずに読むことに必死だったんです。そうか、良い子はやめようと思いました。きちんと言われたことだけをやるパーソナリティーはいらないということだったんでしょうね。この言葉は一番残ってますね。

あと、おすぎさんと沢田さんの話になかなか入れなかったんです。話題を振られたら返す程度。そんなとき、おすぎさんが「あなたはそのままでいいのよ」と励ましてくれたんです。どんなアドバイスよりもうれしくて、吹っ切れました。

リスナーは私の話を聴きたいわけではないでしょうから、おすぎさんと沢田さんのトークを間近で聴くパーソナリティーでいようと思いました。パーソナリティーに一番近いリスナーというか。おふたりにリスナーの笑い声を届けようという感じは、今もずっとそう。

だから、オンエア中は本当に楽しませてもらっています。気負いはないですね。沢田さんに怒られたことなんて一度もないですし。

沢●らぶ子とは、昔からやりやすかったね。キャリアを重ねるうちにどんどんうまくなった。無難なときは無難、はじけるときははじける。それがすごくしゃべりやすい。きっちりスポンサーの枠を読むし、炎上しないようなリアクションをしてくれるし、下ネタっぽいのも返してくれるし。

原●おすぎさんと沢田さんにその辺りの線引きは学びましたね。

逆に、リスナーはもっとやれと期待しているかもしれないけど、そうすると本当に番組が終わってしまうので、そんなときはバランスをとる側にいた方が良いかなと思っています。

沢●引くときはちゃんと引くんですよ、らぶ子は。引かない子がだめなんですよ。私が、私がって。個性とも言えるんだけど、掛け合いしようよって思う。彼女はそれができるんですよ。2人なら2人、3人なら3人の掛け合いができる。そこが優秀ですよね。

原●初めて褒められました！　ありがとうございまーっす！　うれしいです。

沢●最初からできる人っていないからね。らぶ子はひまわり号の経験が大きいのかなって。きちんとした営業用のリポートもやっていたから。

パーソナリティーとはまる、はまらないかは難しい。やってみないと分からんもん。ていうか、俺がうまく合わせなきゃいけないんだろうけど、一回嫌と思ったらシャッターを閉めちゃうんで、スタッフがそれを敏感に感じ取って、忖度してくれるんですよ。相手には申し訳ないですけど。

佐●沢田さん、分かりやすいですもんね。

人見知りのエグアナ、開き直る

原●沢田さんが嫌いなのは内輪ネタばっかりのトークになること。それになりがちだから、あえてやめようと言われてますね。

沢●それだけになるとね。オンエア中にわざと内輪ネタを振ると、盛り上がって結局話が長くなることがある。「PAO〜N」はゆるい番組だし、ある意味、信念も主張もないからね。

ディレクターには言うけど、内輪のネタはあくまでスパイスのようなもので、やりすぎると聴いている人たちは分からんぜって。正直、内輪ネタは嫌いじゃないし、むしろ好き。自分で振っといてなんだけど、そんな気持ちが顔に出る。

原●そう！　すぐ表情に出るんですよ、本当に。

だから、早々に内輪ネタを切り上げるか、もうやめましょうかと聞く。沢田さんは、いつもリスナーを中心に考えるんです。そのバランスがすごいんだろうなって。

沢●ゲストのときも顔に出るよね。興味のないゲストのときは早々に切り上げたり、らぶ子に振ったりする。

原●沢田さんから「ですね」って振られたら、私が「ですよね」って返して、それで終わる。美容師さんが最後に「かゆいところないですかー？」って聞いてくる感じですよね。それが締めの合図みたいな。

沢●俺、いまだに人見知りするから。一番苦手なコーナーはゲストが登場する「金の卵」[14]。アーティストとかアイドル、劇団の人とか初めて会う人が苦手なの。これ言っちゃまずいよな。

で、初対面じゃないゲストが「はじめましてー」ってあいさつするの。俺は5回目なのになーって思うと、すーっと気持ちが冷めちゃう。もう会いたくなくなるって。ミュージシャンとか全国を回ってるから、とりあえずはじめましてって言うんだろうけど。

原●沢田さんはゲストがいつ以来の出演なのかを、事前にスタッフへ確認しているんです。自分は、はじめましてって言わないように、ちゃんと気をつけているんですよ。

沢●だから、あえて「17年以来2回目の登場です」とか甲子園の出場校みたいなことを先に言うようにしているの。そうしたらゲストはうそでも「お久しぶりで

---

14 ミュージシャンや演歌歌手、俳優をはじめ、さまざま業界の人をゲストに迎えるコーナー。現在は、毎日14時台にオンエアしている。

す」って言ってくれるから。

佐●ところで、沢田さんがやりやすいゲストってどんな人ですか？

沢●ヒップホップ系が苦手。

原●なんで苦手な人を言うんですか！

沢●苦手を言った方が早いかなと思って。俺はヒップホップ系の曲を聴かないから。

最近のリリック中心の人たちもさっぱり分からないのに、事前に曲を聴いて「あのフレーズが良いですねー」って言わないといけない。知らないジャンルの人が来るのは億劫《おっくう》やね。

本当はどんなジャンルでも、広く浅く知識とし

てもっておかないといけないのがこの仕事なんだけど、どういうことを質問すればいいのか分からないので、他のパーソナリティーに振っちゃう。アイコンタクトで「らぶ子ちゃんはどうかねー」って。

ゲストに関する資料にマーカーで印を付けて、ここしか聞くとこないよなーとか思いながら、とりあえず「どんな曲ですか?」とか「誰に影響を受けました?」とか、それらしいことを質問して。後は「ほーぅ」「なるほど」みたいに。

でも、それも含めてパーソナリティーなのかなって思う。好き嫌いが出ちゃう、いや出している。それがラジオの良さじゃないかなーって。俺は開き直って44年もやってる。

ついでに言うと、ゲストがヒップホップのメンバーとか、10人以上いるアイドルグループのうち、2人が来たときなんか、もう誰が誰だか。どれがどれだか。

そもそもヒップホップ系は、「PAO~N」のリスナーと合わねーだろ、夜の番組だろって。たまに、ヒップホップ系の大御所が来たりしてつらい。

原●沢田さんから「ほーぅ」が出たら、大体嫌いだなって。

沢●影響を受けたアーティストを質問してもその人を知らないっていう。まさにほーぅだね。ゲストが苦痛。リスナーには耳ざとい人もいて「沢田さん、今日のゲストは嫌いでしょ、苦手でしょ」と分かるみたい。結構、みんな敏感。

原●ゲストが苦痛はまずいでしょ。分かってます、その辺。

沢●さっきのヒップホップ系の話は「HH」でイニシャルにしたら大丈夫かな。比較的、演歌歌手はやりやすい。何回も来るし。「あなた、去年も曲を出しとるやん」って。しかもその年の1月に曲を発売して、もう8月なのに「新曲です」って。新曲じゃねー。とりあえず「すごいですね。今回の新曲は」とは言うけど、夏なのに冬の曲ですかって。演歌の人は、あらかじめ質問集みたいなのを作ってくるし。

原●いろいろ言ってますけど、沢田さんはゲストの曲を丁寧に聴いているんですよ。もう、フォローが大変！

沢●演歌の3部作とかもそう。最後の3部作目で来られても、1作と2作を知らないっつーの。でも、一応聴くけど、全部一緒じゃんって。そもそもなんとか大先生が作ったと言われても、その人のことを知らない。

仮に、吉永小百合さんがゲストで来たら何を質問したらいいんだろう。「こういう質問はＮＧです」とか、事務所の人が言いに来て、周りがピリピリすると引いちゃう。

佐●ゲストの方から「福岡、大好きです」「食べ物がおいしい」とか聞くと、北海道でも同じこと言ってるんだろうなって思いますね。

沢●うそをつけ、と。

ちなみに、ものすごくおしゃべりなんだけど、話が面白くないゲストはビジネスライクな受け答えに終始するね。だって俺はサラリーマンなんで、それでいいと思っている。だってビジネスだから。本当のプロはおくびにも出してはいけないんだろうけど、ゲストは特にね。

ゲストコーナーあるあるで、お互いに気を使って踏み込めないときがあるのよ。「では、最後に曲を紹介してください」って言うとほっとする。ようやく帰ってくれるーって。放送中にゲストが入ると、パーソナリティー3人で作っていた空気がどうしても変わっちゃうから。

これだけ言っといてなんだけど、オンエアでゲストに嫌な思いをさせたことはない。入念に準備して臨んでいるからね。

原●沢田さんがゲストコーナーを終わろうとしているときに、波田陽区[15]さんが気づかずに、ちょっかい出したりするんですよ。

沢●波田はいたらんことを言うんよ。アイドルが来たときに必ず「彼氏いるの？」「今度、一緒にどう？」って。絶対にそれはいかん！って思うけど、あいつは聞くんですよ。

そのアイドルのマネージャーをチラッと見ると、不機嫌な顔をしていたりする。彼氏とか家族の話はＮＧだから、俺は絶対に聞かないね。

原●さっきの内輪ネタのときと同じで、沢田さんの表情を見れば「あー、もう切り上げようとしているな」って。

15
山口県下関市出身。お笑い芸人。「ギター侍」のネタで一世を風靡した。2021年4月から金曜のレギュラーで出演中。

沢●テレビは映っちゃうから絶対だめだけど、ラジオは気持ちが顔に出てしまう。といっても、テレビとラジオで切り替えることはないけどね。「サワダデース」[16]をやってるときなんか、テレビのスタッフが「PAO～N」のことを気にして、放送中に弁当を食べるコーナーまで用意してくれた。〝PAO～Nファースト〟でやってくれたから、俺は全然大変じゃなかった。いろいろ気を使ってくれて、良い局だなと。

だから、サワダデースのときはおとなしいってよく言われた。前川清さんからも「沢田君はテレビではおとなしいよね。『PAO～N』みたいにしゃべればいいのに」って。それがパブリックイメージだろうなと思う。それはそれでいいかなと。どれも俺なので。テレビは余計なことをしゃべらない方がいい。

ラジオなら一緒に出演するパーソナリティーを本気で怒らせるような振り、いじりをする。ギリギリのところで止めるけどね。言われた方がどんな返しをするか、どうなるか分からないのが生放送の面白さ。計算してるんだってリスナーに気づかせなきゃいい。各曜日のパーソナリティーはちゃんと演じてくれるもん。面白ければ手段を選ばないところはあるね。

16
2008年3月から20年9月まで放送したKBCテレビの情報番組。沢田の冠番組で、加藤恭子アナウンサーも司会を担当。おすぎや原田らぶ子らも出演していた。

原●たまに私が反撃するときは、プライベートなことをつっこんだりします。沢田さんがそこは触れるなみたいな顔しますけど、リスナーも聴きたいだろうなと思って。

沢●「妻と寝る部屋は別です」とか言わせるなよって。全然言わないというのもちょっとね。二枚目キャラじゃないし。

〝ゾンビ〟リスナーの存在

沢●気がついたら、昼ワイドの「PAO〜N」が始まって20年を超えたもんね。
番組が続いている理由のひとつは、会社の指示に従ってきたから。だって、必要ないって言われたらそれまで。運良く、たまたまという感じ。処世術に長《た》けているわけでもないし、上の立場の人たちによいしょもしてないし、流れのままにここまで来たというのが本音だよね。復活のときも、当時の局長にやれと言われたから。それだけ。

佐●これまで予算の都合とかで、社内に「そろそろ『PAO～N』は終わる？」みたいな空気が流れたとき、「今、『PAO～N』のキャラクター募集中なんですよ」とか、「数カ月先にイベントが予定されています」みたいな感じで、のらりくらりとかわしたことはあります。長く続けていると、いろんな話が出てきますよね。
パーソナリティーとスタッフは、結婚や出産とかのライフスタイルの変化、うちの編成の事情で入れ替わりますよね。沢田さんがようやく慣れてきた頃なのにというケースもありますけど、変化があるから飽きが来ないんです。

沢●俺が知らない間に替わっていたみたいなね。

夜ワイドのときは7年で行き詰まったのに、今は20年やっても煮詰まることないもんね。やっぱり昼になって、規則正しい生活になったことは大きいかな。あと、家庭環境の変化、子どもが生まれたとか。自分自身が大人になったというのもある。しゃべりって奥が深いな、昼ワイドって面白いなとも思うようになったし。

あと、リスナーから「私もこんな歳になりましたけど、沢田さんは続けてくださいね」って言われるのがうれしいし、心の支えになっている。この人たちのためにもう少し頑張ろうかなというのはあるね。自分のためじゃないから、飽きないのか

17 1983年5月30日に放送開始した「PAO～N ぼくらラジオ異星人」から、40年経った同日の放送のこと。オープニングは公開空地から放送し、リスナーの前で沢田が前ピンを披露。師岡正雄が電話出演し、火曜コーナーの「ペペ3」では懐かしのイベントを紹介した。

18 第27回「水と緑のキャンペーン」のラジオ特別番組内で開催したイベント。電気を使わないエコな大会として、ティッシュペーパーの空箱を投げた距離を競った。参加はKBC3番組のパーソナリティーとそのリスナー。終了後、使った空箱はリサイクルへ回した。

もしれない。

先日の40周年記念放送[17]（2023年5月30日）や「ティッシュペーパー空箱投げ大会[18]」（同年8月11日）なんかやると、KBC公開空地にたくさんのリスナーが来てくれるんですよ。

俺ね、彼らが大好きなんです。夜ワイドのときから愛を込めて〝ゾンビ〟と呼んでいじっているけど、古い番組表を握りしめて、ウォーウォーって言いながら来てくれる。「らぶ子ちゃん、サインくれって言ってるよ」って俺が通訳するの。

原●ゾンビと言われて、喜んでいるリスナーも多いんですよ。

沢●「ゾンビの皆さん、こんにちは〜」って言うの、本当はドキドキしてるんよね。言われたリスナーは周りの人はゾンビだけど、自分がそうだと思ってないんやろうね。笑っているそこのキミもゾンビだっつーの。自覚がないんだろうね。彼らと話してみたら、何言ってるか分からない。

40周年記念放送の一コマ。「PAO〜N　ぼくらラジオ異星人」が始まった日と同じ5月30日生まれの人が76名も集まり、記念Tシャツを手渡した。用意したTシャツは20枚。不足分は後日郵送した。

原●沢田さんがいじりすぎて分かりづらくしてるんですって。でも、ゾンビリスナーが本当に好きですよね。いつも「今日は来てるかなー」って見に行ってますもん。

沢●そう。お互いに生きてるよねっていう確認。これがモチベーションですよ、まじで。

俺なんか屋外の暑いところで仕事しているわけじゃないし、彼らはウォーって何言ってるか分からないけど頑張ってるから、俺が「PAO～N」を辞めたいとか言ったら罰が当たるのかなって。

ゾンビの子どもの世代とか、車内で聴いてくれる30代、40代がリスナーとして加わるのがいい。ゾンビも一見《いちげん》さんも聴いて、両方満足してもらうのが一番の理想。なかなか難しいけど、それを考えることもモチベーションにつながっているよね。

でも、本当は若手にバトンタッチしなきゃいけない時期。

思いの外、盛り上がった「ティッシュペーパー空箱投げ大会」。猛暑に負けず、参加した老若男女のリスナーたちは全力で空箱を投げた。解説（?）を務めた沢田も懐かしのイベントに、はしゃいでいた。

これは制作側の本音だろうし、俺も分かっている。リスナーの裾野を広げてバトンタッチするのが望ましいので、その意味で前向き。かといって、これから30年続けようとは思わないけどね。薄々、リスナーも感じているんじゃないかな。

はがき職人、いずこへ

沢●リスナーの投稿がはがきだった時代、字の汚さや話の流れとかで、その人の考え方や悩みとかが分かったけど、メールだといまいちね。なんか伝わってこない部分は若干あるね。今のリスナーはメールを送るとき、読み返してないだろうな。はがきは推敲した跡が見えるからパーソナリティーもつい読んでしまう。メールは即効性を狙うもの。それはそれで面白いけど。

佐●今じゃ定番の「今日のメッセージテーマはなになにです」もメールだからできるものですよね。

沢●「PAO～N　ぼくらラジオ異星人」のとき、いわゆるはがき職人がいた。ネタコーナーは、はがき職人で持ってる感じだった。メール投稿の常連さんはいるけど、職人って感じじゃないね。メールは癖がない。面白いラジオネームは好きなんだけど、「うし」とか「しば・いぬお」とか。

あのときのはがき職人たちは何してるんだろう。サイレントリスナーになっちゃったのか……。昔、はがきにびっちり書いてましたとか、はがき職人でしたみたいなメールが欲しい。彼らは今いずこですね。いるはずなのよ、ゾンビの中に。

原●はがきは大変ですよね。タイムラグがあるし。手書きで時間がかかることを考えると出さなくなっちゃうんでしょうね。

沢●はがき職人は、ほのぼのとした家庭の話とかは一切送ってこない。でも、ネタコーナーにはどんどん送ってくる。

そういうネタコーナーを定期的にやって、はがき職人を育てないといけないね、本当に。でも、やりたいけど怖いんよ。うまいやつからくるかなーって。

今は絶対だめだけど、昔はスタッフがネタを作っていたよね。リスナーから届いた体《てい》にして。新しく始めるコーナーを紹介するときに例文みたいなの出して、翌週からネタが届かないとスタッフがそれっぽく書いて紹介していたけどね。

佐●それを聴いて、はがき職人がこう書けばいいんだと。

沢●若い頃、俺も谷村新司さんの番組にネタを送っていた。全ボツだったけど。M−1グランプリの1回戦落ちみたいな。

東京のラジオを聴いているとまだ、はがき職人が送ってきているじゃない。まだいるんだと感動するよね。今、ラジコで全国の人が聴けるから呼び掛ければ届くのかなとも思うけど、昼の放送時間にいるかなーと思うんよ。はがき職人って夜に生息してるから。昼は普通に働いているはず。だから躊躇《ちゅうちょ》してしまう。

佐●23時頃にSNSで、翌日のテーマを告知するのはありじゃないですか？

沢●前日にSNSでね。確かに。

SNSの時代になって、最初はなんで東京から「聴いています」っていうメールが届くのかみたいに思っていたけどね。今のリスナーはラジコで普通にザッピングして聴きにくる感じ。太田光さん（爆笑問題）とか横山雄二さん（中国放送アナウンサー）とか、キーワードで検索して聴いている人が多いね。福岡のローカル番組だから、本当は地元の人のメッセージを読みたいけど、ネタ重視になると他県の人が多くなっちゃう。それはそれでいいけど。

ラジコが普及したおかげで圏域が広くなったし、福岡、佐賀以外のリスナーが明らかに増えた。だからこそ負けられないなと思う。だって、北海道や東北の人がわざわざ「ＰＡＯ～Ｎ」を選んでくれているんだもん。それもモチベーションになるよね。

佐●エリア外のリスナーを含めると聴取率がぐっと上がりますね。それと、「ＰＡＯ～Ｎ」のコーナーは時間ごとに分かれているから、ラジコのタイムフリーで聴きやすい。データを見ると、時間に関係なく聴かれているんだと思いますね。

年齢やキャリアに関係なく、言い合える

佐●沢田さんがすごいのは、周りの人たちから好かれているし、黙っていても人

が集まってきて話しかけられるところ。ラジオのスタッフは20代の若い人もいますけど、沢田さんのことが苦手という人を知らないですね。

沢●なぜだかアナウンス部の若手は寄ってこない。遠慮しているのかな。

原●沢田さんは、言いたいことが言える雰囲気を作ってくれるんです。新しく「PAO～N」に入ってきたスタッフも前からいる人も同じように接してくれる。

若い人から「高血圧だから、塩分を控えてください」「お菓子の食べ過ぎはだめ」と言われたら、沢田さんは「はい、ごめんなさい。気をつけます」って。

これって歳を重ねた人は、なかなかできることじゃないですよ。

「PAO～N」専用のお菓子箱。パーソナリティーやスタッフが打ち合わせや放送中の合間に食べる。沢田の高血圧が判明して以降、お菓子のメニューがヘルシーなものになった。よく見ると年季が入っている。

沢●体のことまで気づかってもらえてうれしいよ。そういう年齢だからだろうけど、言ってくれることはありがたいね。でもさ、毎日3時間も生放送をやってるとおなかがすくのよ。社内にあるお菓子箱の中身を整理されちゃったのは、ちょっと不満やね。俺はお菓子にうるさいから。

あと、スタッフから「オンエア中に、コーヒーとかお茶をこぼすのはやめてください」と念を押されている。こぼすと技術スタッフが飛んで来て大変だからって。でも、つい手が当たっちゃうのよ。

このキャリアになると、もう誰も注意とか指導してくれなくなるからこそ、俺自身が壁を作るとやばいなと思う。長く続けてほしいと言われているうちに番組から引くのがいいんだろうけどね。

原●沢田さんに元気でいてほしいというのは、みんな思ってますよ、本当に。

沢●コロナにはなったけどね。あと、夜ワイド時代に一回だけ、風疹で休んだ。

佐●それくらいですよね、番組を休まれたの。コロナのとき、沢田さんから急に電話がかかってきてびっくりしましたもん。症状がひどくて、ほとんど声が出てなかった。

沢●ちょうどホークスがキャンプインする、2月1日から休んでしまった。スタッフから「沢田さんがキャンプインしてどうするんですか」って。

原●よいしょするわけではないんですが、沢田さんとはものすごくやりやすいんです。普通、66歳の人としゃべるとき、緊張もするし、気も使わないといけないけど、まったくないんです。ラジオで沢田さんとしゃべるのが楽しいと他のパーソナリティーも思っているはず。それがリスナーにも伝わっていると思うし、スタッフも含めてみんな「ＰＡＯ〜Ｎ」が好き。

沢●俺は好き嫌いがあるけど、人からは嫌われたくない。ずるいよね。スタッフにも嫌われたくないし、特にオンエア前とかはぎくしゃくしたくない。口論も嫌だし、波風を立てたくない。

前日や放送後とかにちょっと感情的になって注意することはあるけど、毎日13時からはベタ凪《なぎ》で臨みたいし、3時間の放送を楽しく終えたい。だから、誰かを指摘したときはすごく引きずるし、それが顔に出てしまう。

赤裸々に語らないと

沢●こう見えてプライドは、ちょっとある。俺のプライドというより、福岡のラジオ番組全体が底上げされるといいなという思い。

自分のプライドはないなー。相手のパーソナリティーやスタッフから「沢田さん、エグアナ[19]でしょ」みたいにいじられる方が面白いじゃない。結局、いじられた方が楽、だからノーストレス。

原●私も「PAO〜N」でストレスを感じることは、あまりないですけど圧の強い人が得意じゃないかな。

私は沢田さんと違って顔に出さないようにと思うけど、本番にガチで指摘されると、特に落ち込むんですよ。もう私は話さない方がいいのかな、後は笑っていればいいのかなとか。これは過去の経験なので、今はほとんどないですよ。

19 エグゼクティブアナウンサーの略。沢田の肩書は「役員待遇エグゼクティブアナウンサー」(2024年2月末現在)。

圧で言えば、沢田さんからセクハラとかパワハラを受けたことはありません。

沢●といっても、受け取り方次第だから、今はとっても気を使う。SDGs《エスディージーズ》とかパワハラ、セクハラ、ジェンダー的な話のときは、すごく言葉を選ぶよね。

原●オンエアで「今の時代は、そういうことを女の人に言っちゃいけないんだぞ」と沢田さんが言って、「なんで女の人に限定するんですか」みたいなやりとりをしますよね。

沢●女の人をかばってるつもりがかばってない。めんどくせーなって。俺はあえて本番中に口に出すのよ。そうしないと男は分からないから。

そういうことを言える番組じゃないと面白くないもん。「あえてパワハラみたいなこと言うけどさー」みたいに。最近は、特にそうありたいなと思うね。

今日、波田陽区と話しているとき、あいつは女性に更年期の話とかするんよ。俺はプライベートで女の人に向かって、そんな話は絶対しない。だけど、オンエアなら盛り上がるかもと思ってしまう。「どうなの更年期?」って。

原●私もオンエア中なら「汗かきますよ」とか言います。沢田さんはいろいろと考えた上で話を振っているのが分かるし、オフエアでは絶対言いません。

沢●更年期の話を聞いた後で「みなさーん、今のセクハラですよー」と言って啓蒙する。

波田陽区はオンエアだけじゃなく、オフエアでも言う可能性がある。本当に〝残念！〟なのよ。そういうのも含めて好きだけどね、彼のことは。

原●沢田さんは言っちゃだめですよと言われると連呼するタイプ。火が付く感じ。その火をもみ消したりしているのが、佐藤さんや他のスタッフなのかもですね。

沢●ネットで炎上することも覚悟しているね。「PAO～N」はいつ辞めてもいいと思ってるかもしれない。佐藤やスタッフには申し訳ないけど、もう開き直っているから。

ラジオは本来、赤裸々に語るメディア。だから今こそしゃべるときだと思う。「朝まで生テレビ！」（テレビ朝日）じゃないので、討論する必要はない。うまくまぶしながら「PAO～N」らしく伝えなきゃ。生放送なんで、今のことを話さないと意味がない。スタジオに入ってきたハエの動きを実況したりね。

あと、こんな時代だから男がメインパーソナリティーの番組というのは見直した方がいいじゃないかなー。帯じゃなくても女性メインで日替わりでも。次はそういう番組に出てみたい。

原●えーっ！　沢田さんがゲストですか。

沢●時代の転換期に立ち会っていたいというか。30年後に、俺聴いてましたよってならないと。

チーム「PAO〜N」

沢●社内の人間から「沢田さんのラジオを聴いていました」と言われたことはあるけど、憧れていたはない。「PAO〜N」を聴いていて、なじみがあるのでKBC（九州朝日放送）の入社試験を受けましたというのは何人かいたけどね。

佐●この間、師岡正雄さんが会社に来たとき、コンテツ（近藤鉄太郎）[20]さんが子どもみたいに喜んでいたから「PAO〜N　ぼくらラジオ異星人」を聴いていた人はいるでしょうね。

原●KBCは他局と比べて、辞めるアナウンサーはあまりいないと聞きますね。

沢●うちには、とりあえずやってみようというスタンスがある。雰囲気も明るいし。

佐●ノリは軽いですよね。私は他局での仕事経験もありますけど、KBCは居心地がいい。社内のどこかで誰かが他愛もないことで盛り上がっている。自分がその輪

---

20 長崎県小値賀町出身。KBCアナウンサー。「アサデス。ラジオ」のパーソナリティー、プロ野球中継の実況なども務める。

21 鹿児島県松元町（現鹿児島市）出身。鹿児島を拠点に活動するタレント。自称、「薩摩の秘宝」。南日本放送のテレビ「てゲてゲ」やラジオ「青だよ！たくちゃん」などに出演している。

に入ってなくても楽しい。あとパーソナリティー、裏方同士も番組をまたいで仲が良い。そういう雰囲気は良いなと思いますね。

たまに、他局へ見学に行くんですけど、RCC（中国放送）の横山さんの番組は素敵だなって思いました。あと、鹿児島のMBC（南日本放送）のラジオでパーソナリティーを務める野口たくお[21]さんもスタッフや大学生を含め、良い雰囲気を作っているなと感じます。じゃないと、面白い番組にならないですもんね。

原●あと、社風なんでしょうけど、KBCのアナウンサーはキャラが濃いですよね。みんないじり甲斐があるキャラクターの人ばかり。

沢●今のアナウンサーは優秀。ニュースやスポー

ツ実況をやらせても上手だし、帯番組もできるやんみたいな。緊張してないし、フリートークもうまい。キー局にも受かるやろ。俺たちの時代は東京、大阪の放送局の入社試験が全滅したみたいな人間がローカル局に集まってたし。

佐●らぶ子は、他のパーソナリティーに嫉妬したりすることはある？

原●うーん、ないと言いたいけど、ありますねー。だからこそ、我《わ》が道を行くというのは持っていたいなと思います。

沢●ギラギラした感じじゃないもん。

原●誰かを蹴落とそうみたいなのはないですね。

人と比べることはありますけど、一緒に「PAO〜N」をやれている自分は好きです。若い頃、私はコンプレックスの固まりだったし、何も持ってないと思っていた。フリーになって不安だったときに、沢田さんが『PAO〜N』というチームに所属してるやん」って言ってくれて救われました。

沢●そんなこと言ったんだ。まったく覚えてないねー。「PAO〜N」という居場所があることは、スタッフもみんな感じているんじゃないかな。

佐●番組のグループLINEを作っていて、パーソナリティーとスタッフ、卒業した人たちも入っている。メンバーは三十数名かな。

頻繁にやりとりするわけじゃないけど、みんなそこにいるんだと思うし、「PAO〜N」は良いチームだなと思います。

原●沢田さんは、同期の和田安生さんや奥田さんと一緒に番組をやっているときは気を許しているなと感じます。私たちに見せない顔をしてるなと。

沢●そう？　それは奥田が他のアナウンサーのときと違って気を使わない感じで接してくれているんだと思う。俺は普段と変わってないもん。和田もそうだと思う。

原●あー確かに。沢田さん、仕事がやりやすい人は誰ですか？

沢●うーん、やりやすい人……。同期がそう見えるんなら、そうなんだろうね。こだわりはないけど。嫌いな人以外は相性が良いと思う。

原●沢田さんはそういう意味で波がないですよね。誰かとしゃべるのが好きなんだなと感じます。人に関心を持ってますよね。

〝レジェンド〟への想い

沢●浜村淳さんみたいに89歳で、今もラジオでしゃべっているっていうのはすごい。リスペクトします。とはいえ、歳を取っても受け入れられるのは、関西の文化じゃないかなー。

影響を受けたパーソナリティーのひとり、松井伸一さん[22]が23年の4月に逝去された。シーナ&ロケッツの鮎川誠さんが同じ年の1月に亡くなる前、LOVE FM（ラブエフエム国際放送）で松井さんと共演したんです。

そういうのを聴くと、ラジオの良さとか、ぐっとくるものがある。松井さんが84歳までしゃべっていたから、鮎川さんも会いに行くことができた。松井さんの葬儀で骨を拾わせていただいたんですけど、悔いはあったのかな、もっとしゃべりたかっただろうなって。本当にすごい人です。俺はあの年齢まであと20年弱かな。松井さんは音楽に突出してましたもん。俺には突出したものがないから、かなわないよね。

浜村さんや松井さんの域まで達している人は年齢に関係なく、マイクの前でしゃべる価値がある。俺の実績やキャパシティーでは、無理だと思う。結構、自分のことを客観視できているので、周りが買いかぶってるだけ。

この間、窪田はあんな風に言ってくれたけど、そうでもないけどなーって思うもん。飲みに行ってもはしゃぐ方ではないし、人当たりも良い方じゃない。黙々とお酒を飲んで済むなら、その方が好き。よくこの世界でやってこれたなと思う。ゲストがどうとか、好き嫌いとかあったらいけないのに、それがいまいちできない、そ

22
北九州市出身。元KBCアナウンサー、エフエム九州（現CROSS FM）プロデューサー、ラジオパーソナリティー。KBC在籍時は「KBC今週のポピュラーベスト10」「ヤング・ポップス」などの音楽番組を担当した。

んなに人の話を聞いていないし、インタビューもうまくないしね。そう思わない？ただキャリアが長いだけ。人とタイミングに恵まれていたから、ここまで来れたというだけかな。

佐●個人的に「PAO～N」は続けて欲しいし、沢田さんには自然体でいて欲しいですね。今の番組の雰囲気はとてもいい。この状態が続けばいいなと思います。3時間があっという間ですもん。

沢●「PAO～N」を続けるというプレッシャーがあるのは、佐藤とかスタッフだろうね。沢田さんはいつまでやるんだろうって。それは俺が決めることじゃない。いつかは終わるタイミングが来ると思うけど、分からない。俺が入れ歯になるとか、大きな病気になるとか、極端に滑舌が悪くなるとかなら別だけど。

それまでは誰かがキャスティングボートを握っているんでしょう。たぶん編成なのかな。「バトンを渡してください」って、俺には言いにくいだろうね。自分で察しないといけないことくらい分かっている。

俺は浜村さんや松井さんのようにはなれないし、「PAO～N」にこだわっているわけではないけど、ラジオにはずっと関わっていたい。

自分の手で番組を作るべき

沢●放送に携わる人たちは帯じゃなくても週1回、深夜でもいいから、自分で企画して番組をやってほしい。昔は自分で企画書を書いて、スポンサーが付かない時間帯に放送していた。若手は忙しいかもしれないけど、編成も考えて、できる限りテレビもラジオもやらせてほしいけどね。

今、ＴＢＳアナウンサーの井上貴博君は週1でラジオもやっているよね。ああいうスタンスが良いし、ラジオが好きなアナウンサーは絶対いるのよ。うちにもいるし、それを発掘しないと。忙しいと決めつけたらだめ。しゃべりが面白いとZ世代もラジオにはまるはず。

結局、「あいつ、だめだもん」から「ＰＡＯ～Ｎ」は始まった。暇だった窪田がいて、タイミングが合って俺を発見してくれた。消去法だろうけど感謝だよね。会社が長い目で見てくれたのもありがたかった。

正直言うと、若いときからずっと自信がないのよ。44年間、これでいいんだろうかって。

自分のことは棚に上げといてなんだけど、ラジオコンサルタントならできると思っている。他の番組を聴いていて、こういうオープニングで入ればいいのに、こんなしゃべりをすればいいのにって。「PAO〜N」以外のKBCの番組でも思うし。

俺、ラジオはパーソナリティーの立場ではなく、リスナーとして聴くから。「コンサルタントという立場でアドバイスしてください」って言われれば、いろいろできそう。難しいことではなくて、ちょっとしたことなんだと思う。聴いている人はこう思ってんじゃないのとか、あのコーナーはやめた方がいい、あのしゃべりはうるさいとか、ラジオ番組として面白いかどうかをアドバイスしたい。

ラジオはしゃべりの内容、パーソナリティー同士の相性、選曲、構成とかいろんな要素がある。「PAO〜N」の選曲は若手に任せているけど、しゃべりに関してはコンサルできる自信はある。

面白い番組決定戦の審査員はできないけど、面白くない番組決定戦の審査員はできると思う。それは自信があるね。最初から最後までつまらない番組はないと思うから、ここはってところが気になっちゃうよね。

原●沢田さん、本当にラジオが好きですよね。

PAO～Nとわたし

干されていた若手が今やエグアナ独自路線を突き進み、稀有な存在に

「PAO～N」は青春

「PAO～N　ぼくらラジオ異星人」に出演したのは、1984年から半年くらいだったかな。私の担当は水曜で、当時はKBC（九州朝日放送）に入社して4年目でした。

リスナーの大半は中高生。当時、その世代と年齢が近かったので、悩みに真剣に寄り添っていたし、恋愛相談にコメントしたり。

奥田智子

おくだ さとこ　大分県出身。1980年九州朝日放送（KBC）に入社。現在はエキスパートシニアアナウンサーの肩書をもつ。ラジオ番組の「サトコノヘヤ」（毎週日曜8時～）、「Dr.深堀のラジオde診察室」（毎週土曜23時～）を担当する。

リスナーに刺さるようなトークを意識していましたね。1人で長い時間をしゃべる不安もあったんですが、アシスタントの大学生アルバイト、石田隆之君（オコノミモンタ）が合いの手を入れてくれたりして、サポートしてもらいました。

「PAO～N　ぼくらラジオ異星人」には、できるだけ自分を開放して自然体で臨んでいました。頭を空っぽにして、湧いてくる言葉をしゃべる場でしたね。

リスナーから寄せられた怖い話を紹介する「超心理学コーナー」は人気が出ました。ちっちゃい字でびっしりと書かれたはがきを読みながら、キャーって叫んでいました。スタッフがスタジオを暗くしてろうそくを持ち込んだり、演出も巧みでしたね。他にも顔が大きな人をいじるネタコーナー、「顔面暴力友の会」とか、楽しければ何でもあり。

「PAO～N」は私の青春ですね。

彼は干されていた

当時、なぜか沢田幸二さんは社内で干されていて、私の方が忙しかったと思います。彼はアナウンサーとしてスポーツ実況にも進まなかったし、宙ぶらりんな感じだった。

でも、私は「この人、絶対面白いのにな」と思っていました。逆さ言葉ができるし、ビートルズの話を始めたら止まらないくらい洋楽に詳しいし、特技がいっぱいあるのになと。確かに仕事にムラはありましたけどね。はまれば面白いだろうなという印象でした。

その頃の沢田さんは、年配のディレクターと波風立てずにやればいいのに突っかかったりして。好きなものが違っていたのか、どうしても意見が合わない。とても不器用な人だと感じていました。

当時はみんなにかわいがられなかったのかな。どんな人でもそうだと思うんですけど、20代の頃はまだ何者でもない存在というか、やっぱり悩みますよね。沢田さんもそうだったのかな、相談はされなかったですけど。

「お便りください」じゃない

「PAO~N　ぼくらラジオ異星人」が始まって、沢田さんの放送を聴いたときは衝撃でした。リスナーを突き放す、叱るというか、「お便りくださいね」みたいなスタンスとは全然違ってました。こういうやり方があるんだと。私は「お便り待っています」のタイプだったかもしれません。

80年代は、中高生たちの間でラジオを聴く文化があったんですね。夜中に番組を聴いて、翌日に学校で話すみたいな。ラジオが話題の中心でした。だから、どの番組にも化ける可能性があったし、会社もヒットを生み出そうという空気があった。その熱が高まったところに沢田さんという稀有《けう》な存在が相まって、唯一無二の番組になっていったんじゃないかな。

私が「ＰＡＯ～Ｎ　ぼくらラジオ異星人」のパーソナリティーを離れた後、沢田さんと師岡正雄さんが２人で務めるようになってから、さらに快進撃が始まって、ラジオ小僧たちが付いてくるように。番組で「おだまりッ！」という本を出して、そのサイン会に何百人という長蛇の列ができたのを見て、大成功したんだなと感じました。

当時、熱狂していたリスナーが50代以上になって、今も聴いているという人もいるでしょうね。夜ワイド時代は若者の番組。私は時々、今の「ＰＡＯ～Ｎ」に出ていますが、いい感じに成熟して大人が聴いても耐えうる、肩の力が抜けた番組になっていますね。

普段からいじりが大好き

沢田さんと初めて会ったのは、アナウンサーを目指していたとき。就職試験を受けた広島のＲＣＣ（中国放送）に、沢田さんはスカイブルーのスーツでやってきたんです。就活でそんな色のスーツを着る大学生はなかなかいないですよ。「これしか持ってないっちゃ」なんて言ってましたけど。鮮やかな水色だったので、爽やかな人というのが第一印象でした。

たった一度だけ同期会をしたんです。入社５年目か10年目だったかな。店は中洲のワインバー。

沢田さんはお酒が弱いのに飲み過ぎて、カウンターに嘔吐しちゃった。しかも、ピンク色の。あと案外、涙もろい。先輩の送別会で泣き崩れて、ボロボロになっていました。

それといじりが大好き。一緒に沢田さんの故郷、山口県岩国市へ取材に行ったとき、実家の食堂で肉うどんをごちそうになった。そのことを今でも「あのとき、お金払わんかったやろー」って言ってくるんです。この人、一生いじるつもりだなって思いますね。

本当に人見知り？

本人は普段無口って言ってますけど、そんなことはないですよ。必ず社内の誰かに声を掛けています。気配りの人、全方位外交ですよ。私はそんなことできない。沢田さんは人見知りって感じじゃないと思うけどなぁ。でも、ひょっとすると素の自分を全力で隠しているのかもしれませんね。

あと、お菓子が大好き。特に、塩分高めのおかきみたいなもの。若いスタッフから「血圧が上がるから食べちゃだめ」ってよく怒られています。沢田さんは「だって、俺が買ってきたんだもん」と子どもみたいな反論をしながらも応じている。生放送中にピーナッツとかを食べ過ぎると、ドナルドダックみたいな声になるんです。スタッフはそのことも心配しているのに。駄々をこねることもありますけど、気を許しているという証拠なんでしょう。

社内では何を言ってもいい年齢だし立場なんですけど、沢田さんは引くところは引くし、わきまえている。とても謙虚。これは見習わないといけないところですね。

叱っても許されちゃう

私にとって沢田さんの存在は戦友みたいなもの。会社ではお互いに最年長に近い年齢になった。今もマイクの前でしゃべっている同期がいるのは本当に心強いですね。

動物に例えるなら犬っぽいかな。賢いけど狡猾《こうかつ》じゃない、平和な賢さがあります。だからリスナーを叱っても許される。それは沢田さんしかできない。昔からのリスナーを〝ゾンビ〟と呼んだり。

時々一緒にご飯を食べに行きますけど、いつも「なんかないか、なんかないか」って。これ、口癖なんです。「ＰＡＯ～Ｎ」でニュースを読むためにスタジオに入るときもそれを言うから、何かネタを探して持って行かなきゃいけない。「実は、あの人が結婚発表したよー」みたいな。それは、それは、結構大変なんですよ。

沢田さんは、アナウンサーのカテゴリーに収まらないのかもしれませんね。〝沢田幸二〟というパーソナリティーですよ。ＫＢＣが育てた傑作なのか、自分で作り上げたのか。ちょっと褒めすぎですかね。

年季が入ってる〜。

（撮影日の）「シン・クイズ秘密の箱」の答えは何だったでしょうか？　次ページから正解を探してみてね

3

いつもの「PAO～N」ができるまで

平日13時からオンエアの「PAO～N」。
メインパーソナリティーの沢田エグアナをはじめ、
共演者、スタッフのチームワークで番組を作っている。
淡々と準備する放送前から、
みんなのテンションが上がるオンエア、
ほっと一安心する終了までの一部始終を紹介！

09:00

毎日のスタートは前ピンのネタ収集から

毎朝7時ごろに出社する沢田幸二。KBC本社ビル1階のコンビニで朝食を買い、ポストから新聞各紙を取るのが日課だ。席に着くなり、ノートパソコンとにらめっこ。インターネットで旬な芸能ネタを徹底的に探す。これを長きにわたって続ける沢田、恐るべし

芸能ネタは複数のサイトから集める。「頼りにしているサイトは毎日チェックする」と話す。リサーチ力はプロ級だ

「日刊ニュースΠ（パイ）」で紹介する情報も沢田がチョイス。新聞とスポーツ紙、ネットにくまなく目を通す

前ピンを執筆中。書き終えた後に、最新の芸能ネタに差し替えることも。手書きにこだわる男が愛用するペンはゼブラの「サラサ」

前ピンの原稿は芸能ネタがめじろ押し

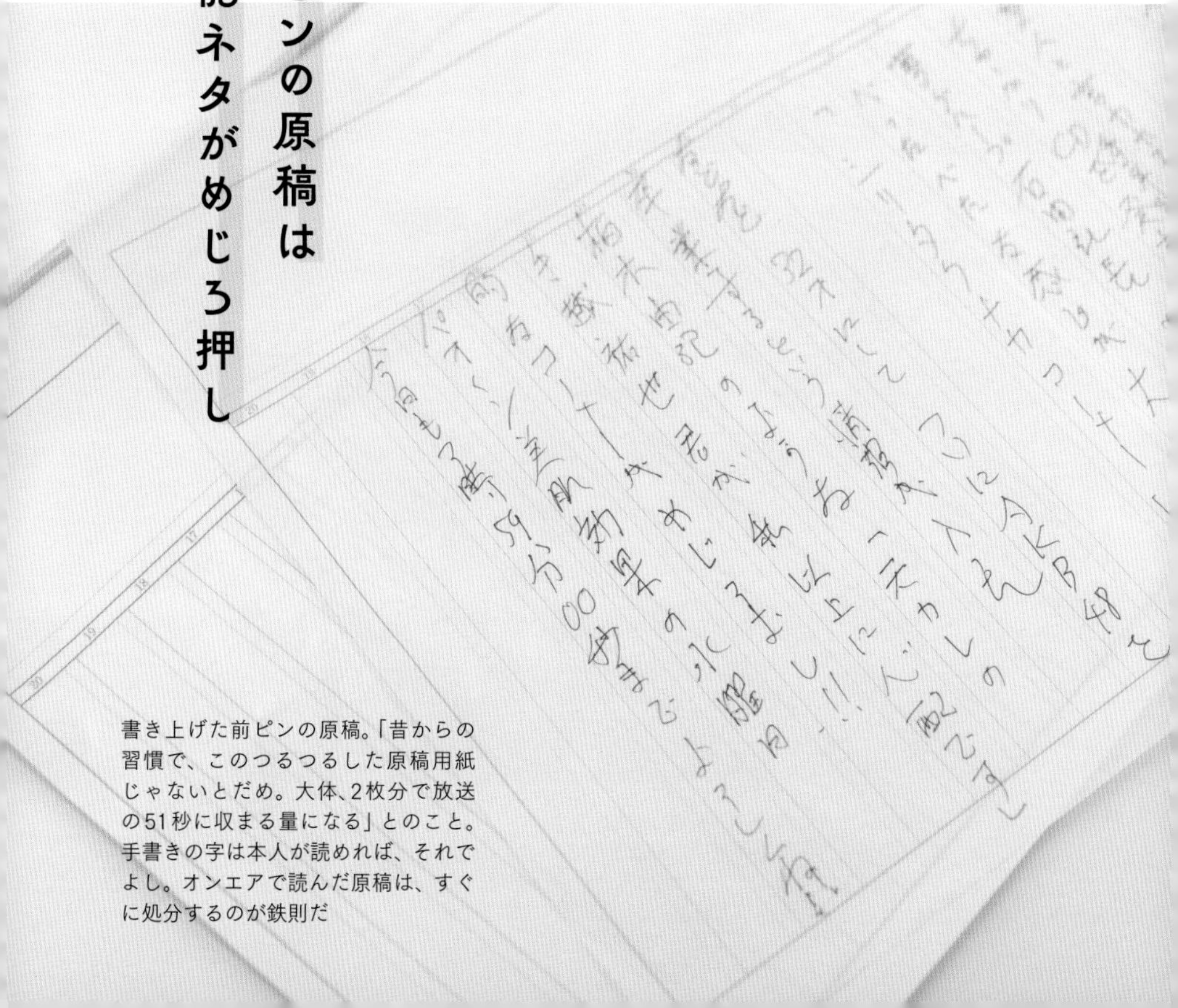

書き上げた前ピンの原稿。「昔からの習慣で、このつるつるした原稿用紙じゃないとだめ。大体、2枚分で放送の51秒に収まる量になる」とのこと。手書きの字は本人が読めれば、それでよし。オンエアで読んだ原稿は、すぐに処分するのが鉄則だ

10:30

沢田のもとに集まったチーム「PAO～N」

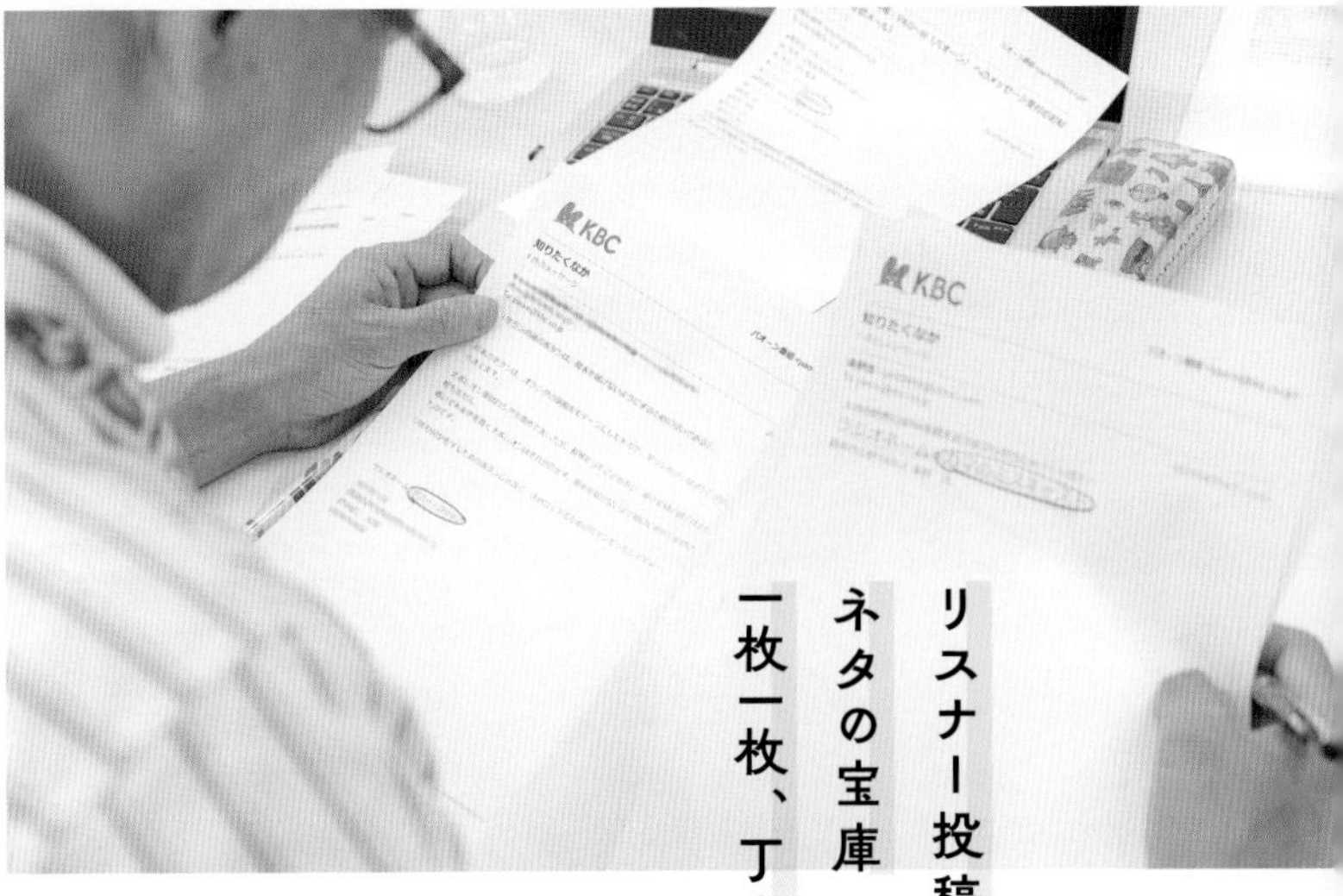

リスナー投稿はネタの宝庫一枚一枚、丁寧に

リスナーの投稿ネタを選ぶ沢田。採用の可否は、沢田の琴線に触れるかどうか。この日は「シリタクナカ」。はたして、どのネタが読まれたのか

撮影当日は水曜日。パーソナリティーを務めるルーシーと和田侑也アナ、担当するスタッフ全員での打ち合わせが始まる。沢田とディレクターを中心に番組で伝える情報やネタの確認、進行の注意点などを共有。沢田の定位置は、お菓子箱の横だ

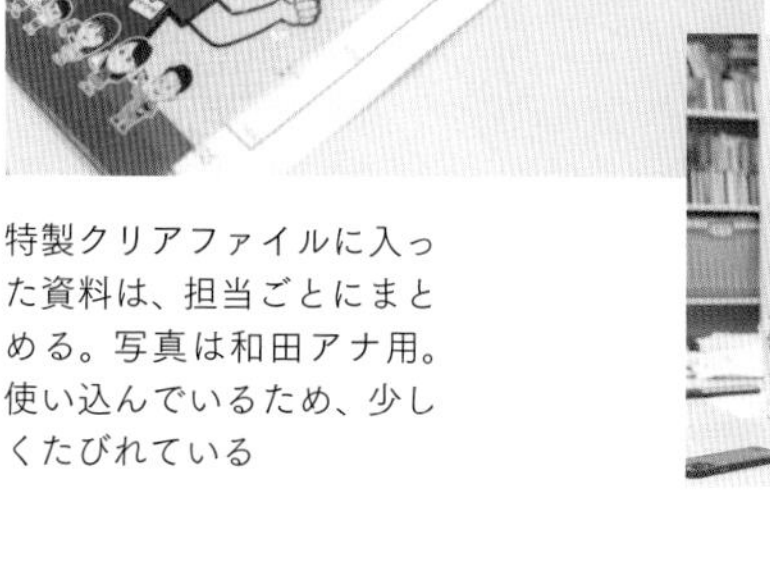

特製クリアファイルに入った資料は、担当ごとにまとめる。写真は和田アナ用。使い込んでいるため、少しくたびれている

ディレクターが作った進行表をチェック。面白い放送のために、打ち合わせは欠かせない。和田アナもいつになく真剣な表情

本番前の腹ごしらえは すばやく食べる

11:50

全員で社員食堂へ。オンエア前の限られた時間なので、ゆっくり談笑しながらというわけにもいかない。20分程度で食べ終える。「同じ釜の飯を食べた仲間になり、一体感を高めて放送に臨む」と沢田。しかし、沢田の食べる速さに戸惑うスタッフもいるようだ

この日の沢田はココナッツカレーを注文。辛さに思わず、顔をしかめる。和田アナにツッコミを入れながらも、早々に食事を終えた

入念に準備してこそ
オンエアでふざけられる

昼食を終え、本番に向けての準備が加速。進行表の最終チェックに余念がない。自分が読む箇所に青のマーカーを引く。ゲストの名前や店名など、間違えられない固有名詞は、特に気を配る。メインパーソナリティーとしてのプライドを感じる

一通りの準備を終え、スタッフと談笑。「PAO〜N」スタッフは女性が多いが、「夜ワイド時代は、男ばっかり。今とは全然雰囲気が違った」と沢田

スタジオでまず確認するのは、前ピンだ。スマートフォンのストップウォッチで時間を計りながら、原稿を下読みする

一足早くスタジオに入って、メジャーリーグ中継を食い入るように見る。大谷翔平の結果が気になって仕方がない様子

12:45

本番直前のスタジオで粛々と行うルーティン

放送開始の直前まで、前ピンの下読みを繰り返す沢田。前ピンを読むときはテンションと共に、血圧も上がりそうだ(たぶん)。一方、スマートフォンを見ながら、突っ立っている和田アナ。それぞれのスタイルで番組に臨む。ところでルーシーはまだか?

いつもの席へ座ると一気に本番モードへ

沢田のモノクロ写真がキャリアの長さを感じさせる

番組公式X（旧Twitter）とブログにアップする写真を撮影。スタッフは手慣れた様子で2台のスマートフォンで一度に撮影する

放送中 ON AIR

13:00

リスナーに今を伝える 生放送の醍醐味

13時、オンエアがスタート！　沢田渾身の前ピンで、パーソナリティーとスタッフのテンションは一気に上がる。スタジオが盛り上がると、リスナーにも伝わる。大いに笑い、時に怒り、みんなで喜ぶ。さまざまな感情があふれるからこそ、生放送は面白い

スタッフは進行表を見ながら、滞りなく放送を進めていく。笑うところは笑い、締めるところは締める。メリハリが大事

ディレクターとジングルや曲を流すミキサーが、ペアで番組を支える。パーソナリティーの間違いに気付き、即座に正すことも

（上）オンエア中は笑いが絶えないスタジオ。ルーシーと和田アナの笑い声がこだまする。２人ともテレビでは見せない姿がラジオにはあるのだ
（下）スタッフは、生放送ならではのハプニングにも協力して対応。曲を流している数分は、少しだけリラックスできる

（上）マイクに向かう沢田。オンエア前の入念に準備することで、リスナーへ正確な情報を伝えることができる。やることはちゃんとやるのが、エグアナたるゆえんだ
（下）40周年記念で復活した「シン・クイズ秘密の箱」の正解発表シーン。この日の答えは香水。2人が間違えたことを沢田のしたり顔が物語っている

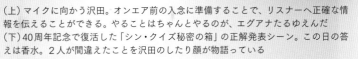

「PAO～Nファイル」で紹介するリスナーのネタや、パーソナリティーとの掛け合いに笑顔を見せる。ラジオを愛する沢田の居場所がここにある

思い切って ふざけられるのは スタッフのおかげ

3時間の生放送中、スタッフたちは、時折パーソナリティーにツッコミを入れたり、一緒に笑ったり。身近なリスナーでもあるのだ

機材を駆使し、指示を送るディレクター。尺を調整するなど、全体を俯瞰する司令塔だ。沢田のきわどい発言に苦慮することも

「PAO～N TV」用の映像はこの小型カメラで撮影していた。ラジオではOKだけど、テレビでは……という話は、カットする場面が多かった

「日刊ニュースΠ（パイ）」で読む、新聞のコピー。記事を選ぶ沢田は「昼の番組だから、深刻なニュースはあまり選ばないように心掛けている」と語る

番組終盤、疲れが見え始める。その姿を見守るルーシー。御年66歳。生放送は、めちゃくちゃ気を使うのです

しゃべっているとお腹がすくんだもん

曲を流している合間に、スタジオから抜け出し、お菓子を頬張る。血圧が高めなので、控えめにとスタッフから釘を刺されている

16:10

沢田の長い一日はこれで終わらない!?

この日も無事に生放送が終了し、安堵の表情を見せる。何事もないのが一番。リスナーは満足してくれたかな? 日によって、沢田はこの後、他番組やポッドキャストの収録などで結構忙しい。そして、また明朝から芸能ネタを集めるのです

おつかれさまでした

4

リスナーと作った誌上(スペシャル)PAO～N

「リスナーと一緒に記念本を作りたい」
という思いで企画した「誌上PAO～N」。
番組で公募した40周年アンケートの結果と、
毎週月曜の人気コーナー、「歳伝説」から
沢田エグアナが厳選したネタを紹介！
この本だけの特別版、読みなさいッ！！

40周年アンケート結果発表
コウジの部屋

Q 番組を聴き始めたのはいつ？

A

昼ワイド
「PAO～N
(現在放送中)」
から

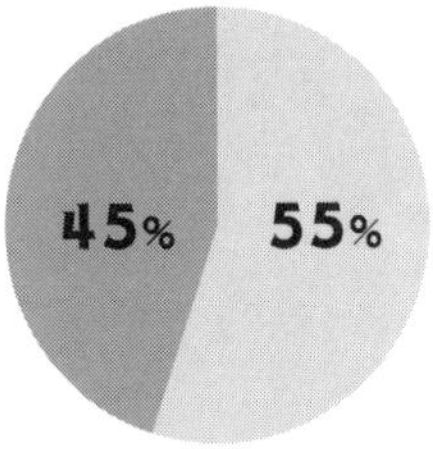

夜ワイド
「PAO～N
ぼくらラジオ異星人」
から

放送期間が20年を過ぎた「PAO～N」とくらべ、半分以下の7年だった「PAO～N ぼくらラジオ異星人」から聴いていた人の回答が多い結果だった。それだけ、**夜ワイドのインパクトが強かった**のか？

Q 好きなパーソナリティーは誰ですか？

A 沢田幸二

★前ピンのようにキレキレのトークもあれば、くだらない話や共感できる話など幅が広い。**いくら聴いても飽きないところ。**（千葉県柏市／柏淋風）

★**忖度しているようでしていない**論調が、いつ聴いても楽しい。（福岡市中央区／機動戦士ガンバル）

★年下のパーソナリティーたちに**イジられ、じゃれ合う**ところがすごいと思います。（山口県防府市／亜栗旬）

A 波田陽区

★芸能ニュースを紹介するとき以外のコメントに**優しさを感じる**から。（北九州市八幡東区／ルンバ理事長）

★投票が少ないと**かわいそうだから。**（福岡県久留米市／ラジオたんじ）

A おすぎ

★毒舌のなかに優しさがあふれた、おすぎさんのコメントが大好きでした。**沢田さんとの丁々発止のトーク**も楽しみでした。（福岡県大川市／ライオネル・リチオ）

★「こうちゃん、よく言うわね～」「私は言ってないわよ～」のような毒舌が良かったです。今こそ、**おすぎさんのコメントを聴きたい**です！（福岡市東区／マラソンランナー）

★辛口トークはもちろん、**映画の話、ホークス愛、**どれも最高でした。（福岡県筑紫野市／新星方形いしざき）

A 和田安生・奥田智子

★沢田さんと**同期のアナウンサー**ならではの息の合ったやり取りと、とっさのものまねへの対応力がすばらしい。（福岡市博多区／ラルフ）

★和田安生さんは**博学で話が面白い**。沢田さんと対等に話ができて、つっこめるところが良いです。（福岡市南区／カモネギ）

★奥田智子アナは、以前（夜ワイドの）パーソナリティーだったので、たまに出演されると**レア感**がある。（北九州市八幡西区／アメリゴ・ベスプッチ）

沢田と長い付き合いのあるパーソナリティーが印象深かったようだ。夜ワイドや卒業した人では、**師岡正雄**や**川上政行**、**大庭宗一**らの名前が挙がり、大学生アルバイトだった**中郷ライパチ**にも一票入った。

Q 楽しみにしているコーナーは?

A わけあり ベスト10

★リスナーが作った音源を流すコーナーで「**タコの足**」「**肉布団の歌**」が忘れられません。(北九州市小倉南区／くるくるパーマンはるき)

★夜中に聴いていると、刺激的な曲ばかりでした。ちなみに、**身内が提供した曲が年間1位を取りました**。(福岡市博多区／バンボボン)

★替え歌が面白くて毎週火曜が楽しみでした。**年間ランキングを太宰府天満宮の特番で発表してましたね**。(山口県下関市／下関のすがっち)

A 超心理学コーナー

★高校の修学旅行のとき、**みんなで震えながら、聴いていたくらい楽しみ**だった。毎回すっごく怖かったけど(笑)(福岡県大川市／エイト大好き)

★中学生の頃、深夜に一人で聴くのが怖いから、**カセットに録音**して、みんなと一緒に学校で聴いていました。(福岡市東区／ルドルフ・ヴァレンチノ)

A 音楽捕物帖

★シンプルに笑ってしまう。毎回、**日本語の強引な解釈**が面白い。(大阪府豊中市／さとちーな)

★「タモリ倶楽部」(テレビ朝日)なき、**今は貴重な空耳コーナー!**(福岡市城南区／じゃんぼたこ焼きロボット)

★流れた曲が似ているときに、沢田さんが「**ハチ!!(矢野ペペ)**」と大声で呼ぶところがお気に入り。(福岡県太宰府市／ぷー)

★沢田さんが笑い過ぎて、**メールを読めなくなる**のが好き。(福岡県新宮町／みり豚骨モード)

A 今週のウソ新曲

★(投稿ネタは)**よく考えてるなー**と感心します。私も何かないかなと思うけど、一度もネタはできあがったことがない。(福岡県志免町／シナモンロール)

★時事ネタとそれにまつわる事柄を組み合わせて、**言葉遊びができる**ので楽しいですね。(福岡県大野城市／おむすび次郎)

A 前ピン

★沢田さんが芸能界を本音で**ぶった斬る、ちゃかす**ところがめちゃくちゃ痛快です!(福岡県福津市／ムーンライトサーファー)

★**言葉のチョイス**が絶妙で面白すぎます。過去の前ピンを収録したCDが出たら、絶対に買います。(福岡市東区／うちの家族は全員左利き)

★前ピンを**聴き逃さないように**アラームをセットしてます。(佐賀県唐津市／モンステラ)

★毎日の前ピンが大好き。**もう少し攻めた内容**でディスってください。(福岡市博多区／イーサン半島)

A ハニワの部屋

★ネタ職人の投稿が**秀逸で毎日楽しみ**だった。(福岡市博多区／まーさん)

★真剣にばかばかしいことを考えているところが面白い。聴いていると**嫌な事を忘れさせてくれた**。(福岡県大野城市／ハゲ雄)

★「ハニワの部屋」のネタコーナーを**ぜひ復活してほしい**。(福岡市西区／インキン・オブ・ジョイトイ)

A ホークス・マン・オブ・ザ・ウィーク

★このコーナーを目当てに、ホークス戦をKBCラジオで聴くようになった。**毎回の珍プレーに注目しちゃう!**(秋田県大仙市／チャック・ロゲ)

★ホークス戦の**実況アナと解説陣たち**の面白トークが最高。(福井県越前市／マックGTO)

★1位の大半がホークス選手のプレーじゃないという**裏切りが、自分のツボにはまった**。(大分県別府市／のぞみ)

A キャンパス漫遊記

★沢田さんたちと一緒に校門を叩きました。すると、沢田さんがやってきた教頭先生に名刺を渡すと「PAO～N　ぼくらラジオ異星人」を「**異なる星の人**」と読み上げました。(福岡県福津市／ナナ松ジュリア)

★母校のO高校の正門に**こっそり来ていた**沢田さん。懐かしいです。(福岡県糸島市／ニンジャむらむら)

★母校に来られたとき、プチパニックで**冷えた肉まんを差し入れた**のは良い思い出。(北九州市八幡東区／ピーチクパーチク)

ほかにも、リスナーから支持を得たのは「**恋の伝言板**」「**重箱の隅つつき大会**」など。「**コマンタレブーちゃん**」「**シリタクナカ**」など、放送中のコーナーも人気を集め、「**モノマネットさわだラジオ選手権**」など、終了したコーナーを惜しむ声も多かった。

Q お気に入りの番組グッズはなんですか？

A ステッカー

★沢田さんのイラストがかわいくて、どこに貼ろうかと**ワクワク**します。（福岡市東区／砂糖菓子）

★**金のステッカー**の輝く感じが好きです。（千葉県市原市／ちばから）

★ステッカーは、1枚もらったことがあります。今でも大事に**車の後ろに飾ってますよ。**（福岡県筑紫野市／川の向こうのご近所さん）

A 私はこれ！

★**35周年記念の「ニモカ」**は、絶妙なシュール感が漂っていました。どこにやってしまったのか、家のどこかにあるはず。（福岡県春日市／ばりインガル）

★おすぎさんと作った「**いろは歌留多**」が好きでした。当時、買いましたよ〜！（福岡県那珂川市／mash）

★壱岐のツアーでいただいた「**秘密の箱ティッシュ**」です。（福岡県春日市／ババ天然水）

A Tシャツ

★「**フィールド鯖威張る（サバイバル）Tシャツ**」。ランボーをオマージュした（威張っている）サバのキャラクターがお気に入り。35年後の今でも未開封のまま、大切に保管しています。（東京都東久留米市／ミルクック）

★「**広島カープ風パオーンTシャツ**」は単純にカッコイイ。（佐賀県唐津市／カミナリ予報）

★（5月30日の40周年記念放送で）いただいた赤の「**naika naika Tシャツ**」を着ています。当日、沢田さんからインタビューを受けました。（福岡県宗像市／まろん）

定番のステッカーや「**サイン盛り**」は、ネタが採用されたり、生放送に出演した記念として大事にしているリスナーが多数。Tシャツは着ると、「**『PAO〜N』の仲間になった感じがする**」という声もあった。

Q これまでに参加したイベントを教えてください。

A オールナイトPAO〜N

★会場の太宰府天満宮はとにかく寒かった。そこで食べたカップ麺がおいしかった。（集まった）リスナーは**ものすごい数**でした。（福岡市早良区／naka33609）

★（ステージに登場した）「わけありベスト10」の常連さんたちが**あまりにも濃すぎた。**（福岡県朝倉市／ユーワンムーバー）

A 名刺交換会

★会場でお酒が振る舞われていて、**原田らぶ子さんはいい感じに酔っていた。**写真撮影のとき、らぶ子さんの方から密着してくれました。（福岡市南区／本郷こけし（モロダシ☆ボン））

★緊張して自分の名刺をなかなか出せず、**沢田さんとおすぎさんをイライラさせた。**（佐賀県唐津市／ファミー）

A 「おだまりッ！」のサイン会

★中3だった私は友人と自転車で、当時のショッパーズプラザにあった「りーぶる天神」へ。**沢田さんにサインをもらいました。**下の階まで行列が続いていました。（福岡市中央区／ナンクルメンソーレ長浜）

★サイン会に高校の学ラン姿で行きました。沢田さんに**高校名を当てられました。**（福岡市博多区／訳あり！出戻りシゲ）

★久留米岩田屋新館の地下1階の書店であったサイン会。恥ずかしくてサインがもらえず、**柱の陰で見ていました。**（福岡県久留米市／和田ゆうなや）

「**アームレスリングトーナメント**」や「**PAO〜N大運動会**」など、夜ワイド時代の中高生リスナーに向けたイベントを挙げる人が多かった。沢田とらぶ子の餃子対決の審査員として参加したリスナーもいた。

Q 沢田幸二に物申す！

★昔から聴いているリスナーのことを「**ゾンビ**」って呼んで、突き放したりしないでください（笑）（福岡県久留米市／PUNKY）

（音楽捕物帖で）「**それじゃ、聴き比べてみましょう！**」が最近、はっきりと言えなくなってるぞ！（福岡市城南区／東京単身赴任13年目おやじ）

★沢田さん、前ピンの最後がグタグタになることがあるので、以前みたいな**キレを取り戻してください。**（福岡市南区／低金利有志）

★ハンドルネーム「久留米の海牛（うみうし）」を「**かいぎゅう」と読まれてしまった！**「3時のゴッドファーザー」が復活したら改名してもらいます。（福岡県久留米市／久留米の海牛）

★**コーラの飲み過ぎとお菓子の食べ過ぎ**、それと解禁前の情報漏えいにも十分注意してください！（福岡市中央区／カロリー大事）

★オンエア中に**うろ覚えの知識を披露**されるのは、ほどほどにした方が良いと思いますよ。（愛媛県今治市／畦道のポポロン）

★カーリング選手の藤沢五月のファンを名乗るなら、**筋肉ムキムキの五月ちゃん**も受け入れてください。（神戸市兵庫区／ゴリラ）

★高血圧の対応をないがしろにしすぎ！**ちゃんと薬を飲んでください。**リスナーはもちろん、各曜日のパーソナリティーも全員心配してるんですよ！（群馬県高崎市／タモリみゆき）

Q 40周年へのメッセージ

★「PAO〜N」は**青春時代を満喫させてくれた番組。**今は仕事の疲れをとってくれ、人生に笑いを添えてくれる。ずっとそばにいる番組です。（福岡県朝倉市／鎧球アメフトっちょ）

★親の介護の合間に聴く「PAO〜N」は、**ストレスを軽減してくれます。**1年でも長く番組が続きますように願っています！（広島県呉市／安芸奈美平）

★**インチキ40周年おめでとうございます**（笑）しばらくラジオとは無縁の生活でしたが、改めてラジオの面白さを思い出させてくれた番組です。（福岡県新宮町／ぴのキッズ）

★夜ワイドが終わるとき、**一緒に流した涙は忘れられません。**今度、泣くのは沢田さんが死ぬときにしてください。それまで付いて行きます！（福岡市東区／ブライトウィル）

★**ラジオと「PAO〜N」を誰よりも愛してる沢田幸二さん。**感情を素直に出す沢田さんのしゃべりを聴くのが私たちリスナーの楽しみです！（福岡県朝倉市／オレンジグリーン）

★**沢田さんのおしゃべりが大好き**です。他のパーソナリティーとのかけ合いも楽しいです。まだ日本の午後をにぎやかにしてください。（佐賀県基山町／まつんだ松田）

★夜の「PAO〜N」は高校、浪人生のときに、今は社用車やラジコで聴いています。これからも役に立つ、役に立たない**楽しい放送に期待です。**（福岡県篠栗町／ささぐりウォーカー）

★**中学生の頃に弟と聴いていた番組が続いていることがうれしい。**「ティッシュペーパー空箱投げ大会」みたいなことを、今もやる「PAO〜N」が大好き。（佐賀県唐津市／やっこ）

カンパニー漫遊記

歳伝説

歳を重ねると奇妙なことが次々と起こる。
体の不調、身内の変化、
時に巡ってくる幸運……。
この歳になるとこんなことが起きる！
そんな噂を聞いたことはありませんか？
ウソかホントかは分からない！

★**75歳以上**の人は、初めてバスで席を譲られるとショックで**一気に老け込んでしまう。**
（福岡県中間市／ノンキなヨーキー）

★**55歳以上**の人は、あいみょんやOfficial髭男dismといった感じの人たちを「**ニューミュージック**」と言ってしまう。
（佐賀県基山町／まつんだ松田）

★**65歳以上**の人は、スマホで電話をするとき、顔の真正面に画面を向け、**マイクのようにして大きな声で話をする。**
（福岡市城南区／北海道から移住して来たエコル）

★**50歳**を過ぎると、**エビ天うどんの衣をはがして食べる**ようになる。
（北九州市八幡東区／えびすマーケット）

★**60歳以上**の人は、寒くなるとオシッコをした後にブルブルッと身震いする時間が若い人に比べて**0・5秒から1・0秒くらい長い。**
（福岡県須恵町／こわもてえなり）

★**65歳以上**の人がスマホで写真を撮ると、**スマホを持っている指の一部が写真に写り込んでしまう!!!**
（名無しさん）

60歳以上の人は、ポール・モーリアとかニニ・ロッソとか、いわゆる「イージーリスニング」と呼ばれた人たちのレコードを必ず一枚は持っていたね。私の家にはフランシス・レイのアルバムが何枚もあったなぁ。

歳、とったなぁ編

くだらんなあ編

★**50歳以上**の人は、豆乳鍋をするとき**「豆乳を投入！」**と1回は言ったことがある！

（長崎市／トゥナイト3）

★**50歳以上**の人は子どもの頃、**「遠山の金さん」**のまねをしてシャツの襟元から腕を出し、**シャツがビロビロに伸びてしまい**、親から怒られたことがある。

（北九州市八幡東区／えびすマーケット）

★**60歳**ぐらいのオッサンは、算数のそろばんの授業が終わると、憂さ晴らしに**そろばんをローラースケート代わり**にして遊んだことがある。

（佐賀県神埼市／切痔がヤバイ）

★**60歳以上**の人は、10円玉や5円玉の上に白紙を載せて、鉛筆でスリスリする**「輪郭出し遊び」**をしたことがある。

（黄色いtote bag）

★**60歳以上**の人は、「住めば都」と言うところを**「住めばはるみ」**とボケたことがある。

（福岡市南区／がんばれぼんちゃん）

★**60歳以上**の人は瓶のコーラを飲んだ後、飲み口に息を吹きかけ、**「船の汽笛」を鳴らした**ことがある。

（神奈川県大和市／中央リンカーン）

★**50歳以上**の人は子どものとき、**「えびみりん焼き」**を半分に割り、くちびるにくっつけて鳥のくちばしのようにした後、**引っ付いて大変な思いをした**ことがある。

（佐賀県鳥栖市／鳥栖のアヒル）

「えびみりん焼き」のくちばしは自分だけかと思ったけど、みんなやっていたんだ！
感動するね。60歳を越えてもやっているよ。

ついやっちゃうのよ編

★**50歳以上**の人はダンボールが捨てられているのを見ると、**土手を滑りたくなる。**
（神奈川県大和市／中央リンカーン）

★**50歳以上**の男性はパン屋でパンを選ぶとき、**トングをカチカチ**させている。
（福岡市中央区／ステイドリーム）

★**55歳以上**の人は長い上りエスカレーターに乗ると、**トムとジェリーの「天国に召されるトム」**になった気になる。
（北九州市八幡西区／はにわ田侑也）

★**60歳**を過ぎると、落ちている輪ゴムを見つけると無意識に手首にはめてしまう。また、そのことをすっかり忘れてしまい、思い出すのは**お風呂で体を洗うとき**である。
（北九州市小倉北区／お尻からもやし）

★**60歳以上**の女性は、酒に酔うとつい**「あたいはね」**と口走る。
（佐賀県神埼市／切痔がヤバイ）

★**60歳以上**の女の人はパジャマのズボンの裾を靴下に入れ、**ニッカポッカのようにして冷えをしのぐ。**
（福岡市東区／ともさん）

★**60歳以上**の人は入浴時、石けんに付いた髪の毛を**お尻でこすって取る。**
（北九州市八幡西区／フロンテくらぶ）

★**60代**ぐらいの人は電話カバーやドアノブカバー、ティッシュカバーなど、なんでも**手作りのカバーを付けたがる。**
（仙台市太白区／モルタル☆メタル）

★**70歳以上**のスマートな男性は、奥さんのことを**「ワイフ」**と呼んで、周りをざわつかせることがある。
（佐賀県鳥栖市／鳥栖のアヒル）

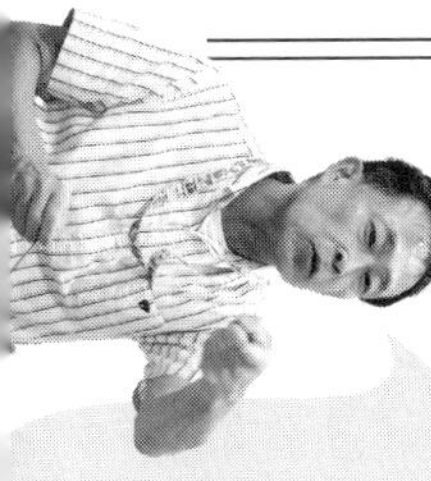

★**75歳**を過ぎた女性は、若者を見ると**バナナをあげる。**
（北九州市八幡東区／えびすマーケット）

★**70歳以上**の人は食事の後、お茶で口の中をグチュグチュして、**ゴクンと飲んでしまう。**
（福岡県須恵町／こわもてえなり）

「天国に召されるトム」は名作だね。
「トムとジェリー」はいつも3本立てで放送されていて、２本目に登場するドルーピーとスパイクも大好きだったなぁ。

★**70歳以上**の人は、手を後ろで組んで**何かをジッと見ている。**
（福岡市東区／フレド兄さん）

★**70歳以上**の女性は歯医者と美容院に通い過ぎているため、美容院で「椅子を倒しますね」と言われると、歯医者にいると思い込み、**思わず口を開けてしまう!!**
（名無しさん）

★**70歳以上**の人は、「了解です」のことを**「ラジャー」**と言う。
（福岡県久留米市／ポテチン）

★**80歳以上**の人は、入れ歯になる前から「ディズニー」のことを**「デズニー」と言っていた!!!**
（富山市／おっぱ・居内）

★**80歳以上**の昭和時代にサラリーマンだった男性は、**「おはようさん。今日もかわいいね」**と普通に言っていたが、そのときは将来アウトな言い方になるとは思ってもいなかった。
（福岡市中央区／ステイドリーム）

★**80歳以上**の人は、残高を忘れないように**交通系ICカードへ直接書いてしまう。**
（神奈川県大和市／中央リンカーン）

★40歳以上の人は、「歯茎が引き締まる」という理由で売られていた、**塩の粒が入った歯磨き粉を使ったこと**がある。
（北九州市小倉北区／足汁P）

★50歳以上の昭和時代のアイドルは、**骨折をしていても包帯を巻き、松葉杖をついて**歌番組に出演していた。
（福岡市中央区／ステイドリーム）

★50歳以上の人は、「**ルービックキューブ**」の全面クリアができなくて、分解したことがある。
（福岡県鞍手町／あちゃちゃちゃお茶！）

★70歳以上のおじさんは、インド料理店で店員から「食後にラッシーを付けますか？」と聞かれたとき「ラッシーって何かいな？　**自分は名犬ラッシーしか知らんばい**」と言う（実話）。
（福岡市中央区／マナ）

コンビニで100円ライターを買う際、何色のライターにするか、さんざん迷った挙げ句、なぜかピンクを選んだことがある喫煙者が必ずいたはずだ！

昭和あるある編

★**80歳以上**の人の家には、ドラマのワンシーンで凶器に使われるようなでかい**ガラスの灰皿**がある。
（福岡市中央区／ステイドリーム）

★**70歳以上**の人は、親戚のお通夜に**喜んで行き、帰ってきて落ち込む**。
（福岡県遠賀町／ふったくん）

★**70歳以上**の人は子どもの頃、ビラをまく飛行機が飛んで来たら、**そのビラを拾っていた**。
（福岡県遠賀町／豚足大好き）

★**50歳以上**の男性は当時、通学路に貼っていた「**日活ロマンポルノ**」のポスターをチラ見したことがある。
（福岡市中央区／ステイドリーム）

★**60代以上**の男性は、プロレスの**コブラツイスト**と**四の字固め**をかけることができる。
（北九州市八幡西区／急行かいもん）

★**50歳以上**の人は小さい頃、野球遊びをしていて、ボールが人の家に入ってしまったとき、「**ボールをとらせてください**」と言ったことがある。
（神奈川県大和市／中央リンカーン）

★**50歳以上**の人は、使っていた教科書の四隅に**弁当の汁の跡**が付いていた。
（北九州市八幡西区／はにわ田侑也）

★**50歳以上**の人は子どもの頃、学校の先生から「石けんを入れるので、**ミカンやハッサクが入っていた網**を捨てずに持って来てください」と言われたことがある。
（神奈川県大和市／中央リンカーン）

★**40歳以上**の人は小学生の頃、悪い点数を取ってしまった**テストを焼却炉で燃やしていた**。
（北九州市八幡東区／えびすマーケット）

始まるよー。

文化放送で対談が実現！

5

照美さんに会いたくて文化放送まで行ってきた（日帰り）

特別対談　吉田照美＆沢田幸二

パクリ、パクられ、やってきた ラジオだからできた面白いこと

沢田はある人物に会うため、上京した。行き先は東京・浜松町の文化放送。
スタジオ前で待っていると、甲高い声を響かせながら現れたのは吉田照美。
伝説の深夜放送、「てるてるワイド」のパーソナリティーだ。
沢田が「照美さんに会いたい」と熱望し、実現した対談。
長きにわたってラジオを主戦場とし、東京と福岡でパーソナリティーとして
活躍してきたラジオスターの吉田と沢田エグアナ。
あいさつもそこそこに、立ち話から2人の掛け合いが始まった。

吉田照美

よしだてるみ　東京都葛飾区出身。文化放送にアナウンサーとして入社後、「セイ！ヤング」「てるてるワイド」のパーソナリティーを担当。フリーとなり、「やる気MANMAN！」（文化放送）を20年務めた。現在も複数のレギュラー番組を持つ。

番組紹介

「てるのりのワルノリ」（毎週土曜11～13時）。お笑いコンビ、オテンキのりとの掛け合いが魅力のトークバラエティ。**「伊東四朗 吉田照美 親父・熱愛」**（毎週土曜15～17時）。異色の2人が"親父"の立場から世相を斬る痛快トーク番組。

照美さんとの再会

沢田幸二（以下、沢）●照美さんとお会いするのは、今回で3回目なんです。一度、福岡の天神という繁華街にある屋台でご一緒させていただいたのと、雑誌「ラジオパラダイス」[★1]の取材で四谷にあった文化放送で立ち話をして。どちらもかなり昔の話で、今回みたいにちゃんとお話するのは初めてです。

吉田照美（以下、吉）●そうですか。よろしくお願いしますね。

沢●「PAO～N　ぼくらラジオ異星人」が始まる前、1983年に文化放送で大人気の番組があると聞いて、当時のディレクターだった窪田雅美が「てるてるワイド」（文化放送）を見学させていただいて。

吉●そうなんですよね。あと、「わ！WIDE　とにかく今夜がパラダイス」[★2]（中部日本放送）っていう、小堀（勝啓）[★3]君の番組も見学に来られてね。どっちの番組もてるてるワイドのパクリですから。

★1 三才ブックスから発行されていた月刊のラジオ番組情報誌。1985年9月に創刊し、90年7月号で休刊。

★2 1982年10月から89年9月まで放送された、夜ワイド番組。「木曜喫茶室」などの名物コーナーが生まれ、東海地方の中高生リスナーから圧倒的な人気を集めた。

★3 北海道帯広市出身。中部日本放送（CBC）入社後、テレビ報道部を経て、アナウンス部へ。「わ！WIDE　とにかく今夜がパラダイス」のパーソナリティーを務め、一躍人気アナウンサーとなった。現在はフリー。

「PAO〜N　ぼくらラジオ異星人」は、何年続いたんですか？

沢●えっと、7年ですね。

吉●てるてるワイドは6年半だから、半年長いのか。

僕はね、深夜放送をずっと続けたかったのに「セイ！ヤング」[4]（文化放送）を2年半で降板しちゃった。この番組をやりたくて入社したのに、もうおしまいかいってね。だから、後ろ髪引かれる思いだった。

てるてるワイドを始めたとき、裏はニッポン放送が「大入りダイヤルまだ宵の口」[5]、TBSラジオが「夜はともだち」[6]っていう人気番組があったから、勝てるはずねえなーって。でも、半年で聴取率が1位になってから考えが変わりましたね。

沢●てるてるワイドが聴取率トップで走っているとき、ニッポン放送が対抗して、新番組をどうするかみたいな時期があったと思うんです。

このときにKBC（九州朝日放送）は、ニッポン放送のネットを取るんじゃなくて、自分たちで平日夜のワイド番組を作ろうとなった。それで「PAO〜N　ぼくらラ

4　1969年6月から81年9月まで放送の平日の深夜番組。パーソナリティーは文化放送の局アナだった土居まさるやみのもんたらが担当。他にも、郷ひろみやせんだみつお、かまやつひろしなど、個性豊かな面々が番組に彩りを添えた。

5　1975年4月から81年10月まで放送された、平日夜のワイド番組。最初のパーソナリティーは、高島ヒゲ武（本名は高嶋秀武・当時、ニッポン放送アナウンサー）。

6　TBSアナウンサーだった、小島一慶と林美雄がパーソナリティーを務めた平日夜のワイド番組（1976年4月〜82年10月）。「赤ずきんちゃん食べちゃうぞ」が人気を博した。開始から2年後、生島ヒロシへ交代した。

ジオ異星人」が始まりました。だから、照美さんのおかげでもあるんです。
昼ワイドになって20年が経ちました。夜ワイドのスタートから数えると、一応40年です。

吉●その辺りは僕と一緒だね。結局、昼ワイドの「やる気MANMAN!」[7]（文化放送・以下、やるMAN）を20年やったから。今の「PAO～N」は夜ワイド時代のリスナーも聴き続けてくれてるんですか？

沢●ヘビーリスナーは一緒に年齢を重ねていますね。

吉●それは、いいことだよね。

ついパクっちゃう、お化け番組のすごさ

沢●てるてるワイドが始まった経緯を教えてもらえますか？

---

7 平日昼のワイド番組として、1987年4月から2007年3月まで放送。深夜放送のノリを昼に持ち込み、注目を集めた。パーソナリティーの吉田照美と小俣雅子は、番組開始から終了まで20年間変わらず、務めた。

吉●番組を企画したのは、プロデューサーの林山武人[8]さん。すごく怒りっぽい人だったから、「鬼の林山」っていう異名をとっていたんです。一緒に仕事をしたアナウンサーは体の具合が悪くなるというくらいね。

てるてるワイドを始める前、林山さんに麹町にあるダイヤモンドホテルのレストランに誘われて、飯を食ったんです。僕は正直、嫌だなーと思ってさ。

そこで林山さんは「文化放送の番組とは思われないものにしたい」と言ったのよ。その頃は、とにかくニッポン放送が朝も昼も夜も強い時代だったからね。要するに聴いた人がニッポン放送と錯覚するような番組にしたいということ。今思ってもこれは英断ですよ。もっと評価されてもいいと思う。

それまで文化放送の番組でやるコーナータイトルはすごく地味というか、真面目だった。それをガラッと変えたんです。一番驚いたのは、冒頭の賞金付き曲当てクイズ「ノッケからマルモウケ」。

沢●それ、パクりました！　うちは「のっけからフトッパラ」って。

吉●そうなんだ！

8　元文化放送プロデューサー。「GO!GO!キャンディーズ」「三浦友和と仲間たち」「吉田照美の夜はこれから てるてるワイド」など、人気番組を作った。

「のっけから」とか「まるもうけ」っていう言葉は、その頃の文化放送はチョイスしなかった。それでリスナーを惹《ひ》きつけちゃう手法をやったんです。

さらに、林山さんは当時、マッチ（近藤真彦）とよっちゃん（野村義男）を番組に引っ張って抱え込んじゃったの。ニッポン放送はトシちゃん（田原俊彦）だったからね。そんな各局がバチバチやってる状況で、よその番組の要素をパクっちゃうのは強引だよね。

あと、パクったのはＴＢＳラジオの「私のロストラブ」[9]。中村メイコさんが素人の女の子の初体験なんかを聞く番組。俺はスケベだから、聴いてましたけど。てるてるワイドでこれを短くした「青春白書」っていうコーナーを作ったの。結城モイラさんっていう占いをやる人をパーソナリティーにしてね。男も女も初体験の話って、なんだかんだ聴きたいよね。未知の話が多いわけだから。

リスナー参加で言えば、「バスルームより愛をこめて」。リスナーに風呂に入ってもらって、テキトーなフリートークをしながら、最後にお尻なんかを叩いてもらうのよ。そのピチャっていう音が聴こえると、１万円をあげる。風呂だから、もちろん裸だよね。こんなコーナーをやると、みんな参加してくれたんだよ。

こういう企画は放送作家にアイデアを出させて、林山さんがいけると思ったもの

9 ＴＢＳラジオの深夜番組（１９７１年４月〜74年10月）。パーソナリティーの中村メイコがゲストと一緒に、性の悩みや処女喪失体験、交際中の彼女が妊娠した男子高校生からの話など、男女間のさまざまな相談に乗っていた。当時の若者がこっそり聴いていた番組。

を採用して番組を作っていましたね。

沢●その辺りもパクらせていただきました。何かを叩くとか、お風呂からっていうのも。ということは9割ぐらいパクっていましたね、うちが。

吉●まあ、こっちもパクリなわけですよ。メイコさんの番組とか。

僕が林山さんの心をつかめたのは、セイ！ヤングで受験生に成り済まして東京大学の合格発表へ行って、胴上げしてもらうという無茶な企画をやったからだと思うんです。NHKと民放、新聞にも載っちゃってね。たぶん、これ以上のことはその後もできていないですね。

沢●その噂は福岡にも届きました。

今は絶対、やっちゃだめですけど。

吉●あのときだって相当やばいと思ったし、賛否両論はもちろんあった。東大で僕がインタビューされる可能性もあったんですよ。「合格おめでとう！」とか。そのときは「僕は受験生じゃなくて、胴上げされるためだけに来たんです」っていう逃げ口上まで用意していた。結局、インタビューされなくて、しめしめという感じで文化放送に戻りました。その年の東大の卒業アルバムに俺が胴上げされている写真が載ったというね。だって一番派手にやっているわけだから。

でも、ひょっとしたら物議を醸してクビになるかもって考えたけど、僕の親しい放送作家と2人でやっちゃった。上司に許可を取っていたら、おそらくだめって言われるからダマテン（他人に黙ってこっそり物事を進める）でね。それで、吉田は変なことやるやつなんだなって、林山さんやスタッフに刻まれたと思うんですね。

沢●番組が軌道に乗ってきたぞと思った出来事はあったんですか？

吉●当時、林山さんと後楽園球場へ「たのきん3球コンサート」を見に行ったんです。外野の一番高い席にいたら、たのきんファンたちが吉田照美だって騒ぎ出して、こんなに多くの人が番組を聴いてくれているんだって思いましたね。

その後、新宿住友ビルの三角広場で「ティッシュペーパー空箱投げ大会」をやったの。番組で「空箱を持って集まれー」って呼びかけたら、3千人も集まっちゃった。

沢●伝説ですね。このイベントは誰が考えたんですか？　すごいアイデアですよね。

吉●おそらく、これも林山さんが放送作家に「なんか面白いことはないか」って発破かけて、出てきた企画だと思う。くだらなくて面白いことをやると、若い人たちが一緒に遊んでくれるんだということを学んだよね。

このイベントなんて、僕しか登場しないわけだから。マッチもよっちゃんも、（松田）聖子ちゃんがいなくても、これだけの人が集まった。やっぱり励みになったし、また、何かやれるんじゃないかっていう気持ちにさせてもらえたよね。

沢●この話は時間差で福岡に伝わってきました。今みたいにリアルタイムではないから、僕たちは半年後にやろうって。全部、受け売りで。

この伝説と深夜放送で大ブレイクしていたイメージがあって、もう照美さんの番組をパクるしかないっていう気持ちでしたね。フォーマットやコーナーも。

吉●でも、それって沢田君はやりたかった？

沢●うーん、僕は深夜放送を聴いてきたから、夜ワイドはやりたかったんです。でも、てるてるワイドのフォーマットはパクれても吉田照美というパーソナリティーはパクれないんで、これは無理だなと。ただ、どこをパクったらいいかなとは考えていました。照美さんは局アナだったのに振り切れてたんで。


吉●当時の俺は、スポーツ実況もニュースを読むのも下手くそ。ある意味、アナウンサーとして失格の烙印《らくいん》を押されていたわけです。そうするとラジオしかない。

その頃、文化放送のアナウンサーは3年間で実績を上げないと上司から「お前は他のセクションだよ」って、プレッシャーをかけられていた。

アナウンサーになれて超ラッキーだったけど、いざなってみたら、みのもんたさんみたいな人が先輩でいるわけでしょ。すると、俺はこの世界に向いていないなって、どんどん落ち込むのよ。だから、ラジオだけは開き直ってやっていましたよね。


沢●僕も若い頃、マラソンの実況とかでやらかしたり、凡ミスを繰り返しちゃって。鳴かず飛ばずの時期があったんです。

しかも、40年前のアナウンス部は20~30人くらいいたんじゃないかな。だから、席が空かなかったんですよ。照美さんと一緒で「ＰＡＯ～Ｎ　ぼくらラジオ異星人」は、とりあえず半年で結果出せって、会社から言われて。

吉●半年なの！　厳しいなー。

沢●番組がスタートしたのは４月じゃなくて５月30日。その１カ月後がレーティング（聴取率調査）だったんですよ。こんな短期間で結果なんて出るはずないじゃないですか。そのときは散々だったんですけど、次の12月で数字が跳ね上がった。理由は分かんないですけど、てるてるワイドをそのままパクって、それがはまったのかなって。

それまでこういう番組をやってなかった、福岡の土壌もありましたよね。オーソドックスな番組が好きだっていう。

吉●なるほどね。でも、やっぱり番組が面白かったからでしょ？

沢●てるてるワイドのフォーマットがすごく斬新だったからだと思います。全国のどこの番組がやっても、たぶん成功したんじゃないかな。

吉●要素としてはね。アイドルのコーナーとか、ちょっとエッチなコーナーもあって。番組の締めにはちょっとこう、しっとりした……。

沢●リスナーの感動した出来事を紹介する「なにげない感動」ですね。タイトルもそのまんまパクりました！

吉●おい！　これは、僕がセイ！ヤングをやってるときのエンディングのコーナーなのよ。林山さんがあれで締めようっていう風にしたんだから。

沢●その落差が良かったんですよ。照美さんはそれを表現できる方だから。それまでずっとハイテンションで早口でしゃべりまくって、最後は受験に合格して良かったよなみたいいな。どの口が言ってんだっていう感じでしたけど。

吉●批判かよー!!　めっちゃいじってるし。

プロデューサーの力量と、まねする姿勢

吉●その頃のてるてるワイドには優秀な放送作家がいて、「笑っていいとも！」「オレたちひょうきん族」（フジテレビ）もやっていた加藤（芳一）君とか、後に劇作家として活躍した宮沢章夫とか。振り返ってみれば、すごい人たちが集まっていましたね。

林山さんは、放送作家とディレクターを曜日ごとで入れ替えて競わせていたんです。すると、この曜日が悪かったって聴取率で分かっちゃうから、みんな一生懸命に頑張るよね。結果を出すために、評判のよくないコーナーはガンガン変更していた。今は、お金がないからそういう作り方はできないけどね。

そんな林山さんは、てるてるワイドの放送時間には帰ってた。で、自宅の部屋にラジオを3つ置いて、ニッポン放送とＴＢＳラジオ、文化放送を同時に聴いていたんです。オンエアで僕がつまんないことを言うと、電話かかってきてた。これマジですよ。すげえなーって。

沢●林山さんって、とんでもない方ですね。

吉●こんな人は後にも先にもいないですから。やっぱりプロデューサーの力は大きいですよ。パーソナリティーは誰か、番組をどういう方向に持っていくか。うまくはまると爆発するんだなというのは、そのときに実感しましたね。

沢●「PAO～N　ぼくらラジオ異星人」の体裁は、てるてるワイドからパクってできあがっちゃっていた。でも、「仏作って魂入れず」の状態だったんですよ。

吉●そんなことはないよ。僕だって同じだもん。プロデューサーに言われていることを、どんな風にしゃべったらいいのかなって。

沢●照美さんのキャラというかしゃべりは、ご自身で作りあげたものですか？

吉●大学在学中、ラジオの深夜放送にはまっちゃったの。小島一慶さんの「パックインミュージック」（TBSラジオ）がめちゃくちゃ面白くてね。

入社後、しばらくは一慶さんのしゃべり方をまねしていましたね。この番組に出会わなかったら、たぶん僕はアナウンサーになっていなかったと思います。

僕の上の世代でいうと土居まさるさん[10]の深夜放送のしゃべりを聴いていると、あんな風にやんなきゃだめだなと思うわけよ。自分と似ている部分をどっかに見い出して、その人のしゃべりにすがってみようって。やっぱり学びは「真似《まね》ぶ」というね。まねから入るというのも大切だなって。

沢●まねすることは悪いことじゃないですよね。

吉●そうそう。本当はアナウンサーの王道を歩みたいけど、自分にはできない。じゃあ、違う方向に行こうという、一種の諦めと思い切りみたいなものは生まれてきたよね。

この前、「てるのりのワルノリ」（文化放送）で中森明夫さんにアイドル論を語っていただいたんです。アイドルは長所ばっかりだと成立しない。逆に、短所の方が受け手に印象づける手がかりになるんじゃないかとおっしゃっていて。なるほどなーって。なんでも武器になるんだなっていう気がするんですよ。

沢●僕は、照美さんのしゃべりが100%正解だと思っていたんですけど、やっ

---

[10] 愛知県出身。元文化放送アナウンサー。「ハローパーティー」「セイ！ヤング」などの番組を担当。フリーに転身後、「TVジョッキー」（日本テレビ）、「象印クイズヒントでピント」（テレビ朝日）など、テレビ番組で司会を務めた。

ぱりできないんですよ。

吉●よく言うわ！　そういえば「ＰＡＯ～Ｎ」におおすぎさんがずっと出ていたよね？

沢●はい。出演いただいていました。

吉●おすぎさんは恩人のひとりなんです。てるてるワイドでいろんな所に突撃して、隠しマイクで音を録《と》ってた時期があって、ＴＢＳに忍び込んだりしていたの。後で怒られてスタッフが謝ったりね。今だったら、アウトでしょ。

そんなとき街に繰り出していたら、（赤坂の）一ツ木通りをおすぎとピーコが歩いてきたんです。僕はすぐにマイクを向けて、話を聞いたの。最後

におすぎさんが「あんたのしゃべりは、あと2年ぐらいしか持たないよ！」って捨て台詞《せりふ》を言われて。ひでぇことを言う人だなとか思ってね。それが最初の出会い。

その後、やるMANでコメンテーターをやってもらって、長い間お世話になりましたね。

沢●「PAO～N」に出てもらっているとき、よく照美さんの話もされていました。「面白いのよ」って。

吉●そうなんだー。うれしいね。

やっぱり、全力で行動していると人との出会いとか、強烈な出来事に遭遇することがあって、後々、それが自分の肥やしになるみたいなね。良いことだけじゃないんだけど。人に迷惑をかけないことを前提に番組でくだらなくて、面白いことを長い間やってきたからね。

沢●僕らはそれを一生懸命に模倣しようとしましたね。どこまで迫れたかとは思わないですけど、当時、福岡のリスナーには受けましたね。「PAO～N　ぼくらラジオ異星人」のゲリラ的な放送とか、いきなり高校の前に行ってしゃべるとか。

吉●永六輔さんの「土曜ワイドラジオTOKYO」[11]（TBSラジオ）で久米宏さんがやっていた「隠しマイク作戦」に憧れてね。ボキャブラリーが豊富で頭の回転は良いし、おそらく今後も出てこないんじゃないかな。この番組は僕にとっての理想で、心の中ではあんな風になりたいなって。結局、僕も真似《まね》っこなんだよね。

公開生放送に1万人⁉

沢●照美さんは文化放送を辞められて、フリーになりましたよね？

吉●てるてるワイドの聴取率が1位になってから3年半くらい、何をやってもトップだったんです。当然、ニッポン放送も手を替え品を替え、いろんなことをやってきたのよ。三宅裕司さんの「ヤングパラダイス」[12]のコーナー、「あなたも体験！恐怖のヤッちゃん」[13]が始まった途端に、2位になっちゃったのかな。

俺は「3年経ってものにならなかったら、異動だよ」みたいな上司の言葉がずっ

---

11 「土曜ワイドラジオTOKYO」の第一弾（1970年5月～75年3月）。メインパーソナリティーは永六輔以降、三國一朗や久米宏、毒蝮三太夫らが担当した。現在は「土曜ワイドラジオTOKYO ナイツのちゃきちゃき大放送」として放送している長寿番組。

12 1983年5月から90年3月まで放送の夜ワイド番組。開始翌年から三宅裕司がパーソナリティーになってから、「ヒランヤの謎」「おぼっちゃま」など、人気コーナーが生まれ、ブームとなった。

13 「三宅裕司のヤングパラダイス」の名物コーナー。リスナーが遭遇した恐怖体験を紹介する。このコーナーをベースにした番組本がヒットし、映画化もされた。

と頭に残っていたわけ。一応、てるてるワイドは当たったし、なるべく長くラジオでしゃべりたいなという気持ちが強くなってきたから、他のセクションへ行くくらいだったらって。

沢●文化放送は引き止めなかったんですか？

吉●いやー、本当のところは分かんない。いろいろあったけどね。

それで85年からフリーになって、87年にてるてるワイドは終了。まだ深夜放送は続けたかったし、若いリスナーを相手にしたいって思ってたんだけど。

その次から、一番やりたくない大人の時間、昼ワイドをやってくれって文化放送から言われて。もうフリーだったからやっぱりやるでしょ。お金もいいわけだしね。でも、やるMANは1年で終わるなと思っていた。

その頃の昼ワイドは、今仁哲夫[14]さんの「歌謡パレードニッポン[15]」（ニッポン放送）の牙城ですから。僕が聴いても面白いし、かなわないっていうイメージがあるわけ。

沢●やるMANはすぐ結果出たんですか？

14　東京都出身。元ニッポン放送アナウンサー。「オールナイトニッポン」「いまに哲夫のジョイフルモーニングニッポン」などを担当。

15　1976年8月から93年4月まで放送の平日昼のワイド番組。研ナオコとの掛け合いが評判だった「哲っちゃん・ナオコのハチあわせドン！」が有名。

吉●出ない、出ない。1回目の放送なんか、今聴くとつまんないの。一緒にやってたプロデューサーの中根義雄さんは、林山さんに鍛えられた人で心強かったけど、最初は全く面白くなかったですね。しかも一人しゃべりじゃなくて小俣雅子[16]と組んでやるわけだから。それまで掛け合いの経験はないし、よく分かんないみたいな。でも、やるMANを当てなきゃっていう思いで、放送作家も色々考えてくれたの。

沢●いつ頃から数字が上がってきたんですか？

吉●手応えを得たのはね、3年目に入ったぐらいじゃないかな。
埼玉に「むさしの村」っていう広大な施設があって、そこからやるMANの公開生放送をやったんです。でも、その頃はまだあんまりやる気がなくてねー。

沢●全然、やる気満々じゃないですよね。番組名と違うし（笑）

吉●そう。意外とあの番組は僕がやる気満々じゃなかった。愚痴とか文句を言ってね。

16
山梨県都留市出身。元文化放送アナウンサー。吉田照美の一期後輩で、「やる気MANMAN!」のパーソナリティーを務めた。現在はフリー、著書も多数。

当日、早く到着したから会社の車で昼寝してたの。すると、ディレクターか放送作家が飛んできて、「すごいですよ、人が」って。お客さんが1万人くらい集まったんですよ。

沢●えっ！　なんで気づかなかったんですか？

吉●全く分かんなかった。だってそれまで全然だめだったから、もう何をやってもうまくいかないって普通思うでしょ。

沢●でも、小俣さんとの掛け合いなんかも最高でしたよ。

吉●当時、小俣は局アナでやるMANみたいな番組をやったことがないわけですよ。

ただ、そのむさしの村での生放送の辺りから、僕らもなんとなく聴かれている実感が湧いてきて、数字もついてきた。すると、スタッフや放送作家もどんどん盛り上がって、良い方向に進んでいきましたね。

沢●そうなんですねえ。

吉●で、「PAO〜N」はさ、昔の夜ワイドとは全然違う番組なんでしょ？

沢●いや、もう全然。「PAO〜N」が昼ワイドで復活するとき、上司にやりたくないって言ったんですよ。夜と昼はリスナー層も全く違うし。

吉●今の番組は夜ワイドのときと違うって言ったけど、やるMANが成功したのはてるてるワイドと同じテイストで進めたからなんだよね。そこで（他局の昼ワイドと）差別化できたし。つまり、よその放送局の昼ワイドはくだらないことをやらなかった。これがヒットにつながったんだと思いますよ。

沢●あー、なるほど。僕が弱いのはそこなんですよ。照美さんみたいに開き直れなくて、夜ワイド時代と同じことをやるって思い切れないまま、ズルズルと昼のリスナー層ってどんな人なのかな、合わせないとみたいな。

吉●でもさ、俺がパーソナリティーの昼ワイド番組なんて、最初は絶対に聴いてくれないだろうなと思っていたよ。だって、リスナーは大人の年齢なのに、俺は子どもっぽい考え方しかできないしね。

沢●それが良かったんですよ。やっぱり吉田照美っていうキャラクターですよね。だって朝も昼も夜も、どの時間帯の番組もやってらっしゃるじゃないですか。

吉●たまたまだよね。俺が意識してやってるわけじゃなくて、局がそうやって動かしただけで。でも当たったのはてるてるワイドとやるMANだけだし。

沢●でも、なかなかできないことですよ。

自分もリスナーも面白くないと

沢●照美さんはてるてるワイドとかやるMANで、スタッフにこういう企画をやりませんかって持ち掛けたことはあるんですか？

吉●俺から提案したことはない。企画は放送作家が持ってきていた。大抵、嫌なことなんだけど、文句を言いながらも大体やってたよね。

沢●サディスティックな作家さんが多かったんですか？　でも、（スタッフとの）信頼関係があるからできたことですよね。

吉●そうかもね。結果として面白ければオッケーっていう思いでやってたから、俺はちょっとマゾスティックな部分があるかもしれない。

やるMANのときは、若いリポーターやアナウンサーに日替わりでくだらないことをやらせる「お助けマンが行く」っていうコーナーがあって、すごく人気があった。これを大橋巨泉さんが車で聴いてて、目的地に着いてんだけど、面白いから最後まで聴いたっていう話を聞いたとき、うれしさがこみ上げてきたよね。巨泉さんはよく番組に来てくれたんだよ。

沢●いいエピソードです。

でも、考えると今じゃ放送できないことばかりですよね。

吉●絶対できない。てるてるワイドとかやるMANでやってたことは何ひとつできないんじゃない。今はクレームが来たら困るからやんないんでしょ。

沢●今は、編成の目も厳しい。昔のダマテンができないんですよ、時代的に。

吉●そうかー。結局、面白いものに遭遇するチャンスが減っちゃってるね。良いことじゃないよ。それをうまくやれる方法はないのかね？

俺は映画好きだから、「日活ロマンポルノ」に一度は出たいって思ってて。編成に許可を求めるとだめだったから、撮影所へ取材に行くことにした。これは取材だから大丈夫でしょ。で、「取材中に出演してくれって言われたんで、ちょっと出ちゃいました」って報告したら、オッケーが出たことがある。

だって面白い番組を作ろうとしたら、クレームは来るでしょ。俺は面白ければ勝ちっていうずるい考えだったからね。スタッフには申し訳ないけど。

沢●そういう確信がないとやらないですよね。やばかったけど面白かったって、言われたもん勝ち。結局、リスナーの反響が味方になってくれるみたいな。

吉●迷ってたら、だめだもんね。反響がなかったときは、下手すりゃ命取りになることもあるから。

でも、沢田君はやっちゃいけないことをなるべくやんないようにはしてんでしょ。

沢●その時々の世間の風潮で、自己規制をかけてきたことはもちろんありますね。

無茶だったなと思うのは、大みそかの放送でグアムから中継しているという体《てい》で、スタジオからオンエアしたんです。海外中継を演出するために、わざと音声を切って、スタンバイさせた別のアナウンサーが間をつないだり。で、エンディングの3分前にばらした。これは「ＰＡＯ～Ｎ　ぼくらラジオ異星人」のリスナーから、あれはだまされましたよって、いまだに言われますね。

吉●聴いてる人をだますって面白いよね。

あと、はがきとかメールを破いたことはないでしょ。昔、リスナーが俺の悪口を書いて送ってきたら、わざと（オンエアで）破いていた。最近はやんないけど、これは親愛あふれる冗談なんだから。

沢●それは照美さんだから許されたんですよ。

吉●いや、良い人か悪い人かが分かんない感じが面白いじゃない。リスナーを大事にしていないって言われる行為だけど、他の人がやっていないから、俺がやろうと思った。最終的には自分が面白がらないと。

沢●結局、自分が面白いっていうのが一番ですよね。

沢田君って、偉いの？

吉●話があちこちになっちゃうんだけど、沢田君はなんだかんだ言いながら、自分の立ち位置はしっかりしてやってんでしょ？

沢●いやいや、してないですよ。照美さんとは立場が違うんで。僕はまだ社内にいて、一応、役員待遇的な……。

吉●すごい！　偉いんだ!!

沢●そんなに偉くはなくて、人事力とかはないんですよ。嫌なやつとは（番組を）したくないくらいは言えるんですけど。

吉●いいじゃん、人事力なんかなくたって。それ、すごく良いと思う。

沢●ただ、そろそろね……。照美さんが現役でやってらっしゃるんでお聞きしますけど、バトンの渡し方ってどう考えています?

吉●バトンとかって、沢田君はもう辞めたいの? だって本も出るんでしょ。最低でも70歳まではやんないとさ、まずいよー。

沢●決して、やりたくないわけではないんですけど、あと4年ですかね。照美さんは70歳になったときに思うことありましたか?

吉●50代までは歳を取るのも悪くないって思ってたけど、60歳を超えて、さすがに70歳になったら、体に変調をきたすこともあるよ。腰が重いとか。本当にじいさんだなって思う。でも、運良く体は丈夫で、今まで大病したことないから。

でもさ、俺が番組に出続けることは若い芽を摘んでいる可能性はあるよね。結局そういうことでしょ。他の人が出演する場を奪っているんだから。

沢●それ、たまに言われます。「沢田さん、いつまでも残って」みたいな……。でも、芽を摘んでいる覚えもないんです。摘み方も知らないし。

吉●そうはいっても、結果として摘んじゃってることになるんじゃないの。だって、「沢田がいるからいいや」みたいなさ。

沢●僕は一度、人事異動を経験しているんですよ。約3年、ラジオ制作に。近いと言えば近いんですけど。ディレクターとプロデューサーをやっていました。

吉●えっ、そうなの。でも、やっぱり面白いから、またやってくれってことに？

沢●人のしゃべりを聴いてると、なんか違うなって思っちゃう。

吉●やっぱり下の芽を摘んでるだろ（笑）

沢●違うんです。でも、スタッフのときは年上の人になかなか指摘できないじゃないですか。で、どんどんストレスが溜《た》まっていって。たまたま、会社からお前はアナウンス部へ戻れということになったんですけど。

吉●それは良かったじゃない。

お手本の谷村新司

吉●沢田君は、いつからラジオを聴いてたの？

沢●セイ！ヤングとかを聴き始めたのが中2だったんで。それでラジオが好きになりましたから。

吉●早いね。え、セイ！ヤングは聴けた？　沢田くんは出身どこなの？

沢●山口県です。地元は文化放送をネットしていなかったんで、一生懸命（周波数を）合わせていました。「オールナイトニッポン」[17]（ニッポン放送）は聴けたんですけど。谷村新司さんのセイ！ヤングを熱心に聴いて、「天才・秀才・バカ」[18]にネタを送ってました。採用されることはなかったですけど。レベルが高かったですもんね。あと、ばんばひろふみさんとの掛け合いが良かったですね。

17　1967年10月から続くニッポン放送の深夜番組。当初は糸居五郎らの局アナがパーソナリティーを務め、73年7月から大半をタレントが担当。ビートたけし、中島みゆき、ナインティナインなどがパーソナリティーとなり、業界をリードしている。

18　谷村新司が担当した「セイ！ヤング」（後にばんばひろふみも参加）の名物コーナー。リスナーから寄せられたネタを「天才」「秀才」「バカ」で採点していた。ネタの多くは、下ネタだった。このコーナーは書籍化され、ベストセラーとなり、シリーズ化した。

吉●あれは面白かったね。天才・秀才・バカは超えられない。あのくだらなさ、エロっぽいのもあるし。まあ、お手本だよね。

思い出した。谷村さんが番組を休まれたとき、一回ピンチヒッターをやったことがあんの。若い頃、その時間のニュースを読んでたこともある。

沢●照美さんがニュースを読んでる記憶はないんですよね。

吉●短いスポットニュースみたいなやつを読んで、仮眠して、朝の「走れ！歌謡曲」[19]（文化放送）の5分間ニュースを読むのが、泊まりの仕事だったんだよね。

泊まりのときに一回ね、寝坊したことがあってさ。スタジオに駆け込んで息切れした状態でニュースを読んじゃった。このとき俺、クビだと思ったね。会社にクレームが入るかなと思っていたら、文句を言われずにセーフ！って。

沢●ははっ。社内の人も聴いてないっていう。

吉●そういうミスはないの？　遅刻とか？

19　1968年11月から2021年3月まで放送された、文化放送の長寿番組のひとつ。トラックドライバー向けで、3時から5時という早朝に放送されていた。

沢●ニュースは飛ばしたことはないです。僕の先輩や後輩が何度も飛ばしているのを見て、自分はやめようって。ずるいところがあるんですよ。遅刻は……。えっと、テレビの生中継を飛ばしたことあります。

吉●えっ！　大丈夫だった？　どうしたの？

沢●大丈夫じゃない！　震えながらテレビをつけたら、ディレクターがしゃべってました。

吉●わっはっはー。あ、そう。ちゃんとやってた？

沢●ちゃんとやってましたね。だから人間、謙虚になりますよ。僕のピンチヒッターはいくらでもいて、ディレクターだってしゃべれるやんって。

吉●まあ、そうだよね。別に、自分がいなくたって放送は回っていくわけだからね。

オンエアは少し乱暴なくらいがいい

吉●じゃあさ、これまで一番衝撃を受けたラジオ業界の人は誰なの？　正直にだよ。俺は、小島一慶さんとビートたけしさん。もちろん一慶さんからもすごく影響を受けたんだけど、たけしさんのキャラにも憧れてたから。できれば、たけし軍団へ入りたかったぐらい。

たけしさんの何が好きかっていうと、オンエアでも普段の下町言葉で気持ち良くしゃべっていたところ。俺が子どもの頃に聞いてた、街の人のしゃべり方なわけよ。関西弁とは全然違う、ああいうしゃべりをしたいなって。

で、乱暴な口調でしゃべるようになったり、人を攻撃するような感じになったのが、てるてるワイドの頃なんだよね。その時は、悪いイメージでも印象づけたいっていう気持ちが強かった。リスナーの印象に残ったら勝ちみたいな。たけしさんとの出会いからね。

沢●言い忘れてましたけど、照美さんのしゃべりで最初にまねしたのはリスナーを呼び捨てにすること。これならすぐにできるなって。でも、初めは躊躇《ちゅうちょ》しましたよ。

吉●あー、なるほどね。それは別にひどいことじゃないもんね。親愛の証だから。あと、オンエアのときだけ良い人って気持ち悪いじゃん。やたらと気を使ってさ、いろんな人に優しげな言葉を振りまいているやつって。

沢●そうですね。九州にもいますよ。

吉●それ誰？　名前を言いなよ、この際だから。活字にして残した方がいいよ。

沢●それは絶対に言えない。酒の席だったら……。いや、やっぱり言わない。

吉●そうなんだ。面白くないね（笑）で、沢田君が一番面白い人は誰？　あんまり人を褒めない性格なの？

沢●そんなことないです。どちらかと言えばタレントさんですもん、お笑い系の。

吉●俺が質問をぶつけていながら、今そんな面白い人いるかなとか思っちゃった。

一時ね、ピストン西沢[20]さんが長く夕方にやっていた「GROOVE LINE」[21]（J-WAVE）は、よく聴いてたね。彼は、元々ディレクター。パーソナリティーがオンエアに来なくて、急遽、代わりに出たら、しゃべりが上手だったんで出演するようになったらしいよ。こういうエピソードもかっこいいじゃん。番組で気取ったことは言わないし、結構、独断と偏見でしゃべっていたのが面白かったよね。やっぱりすごい人が出てきたら、番組を聴いてみようってなるもんね。

沢●そうですね。今はラジコで全国のラジオが聴けるんで、各地の番組を聴いて何かこう、盗めないかなみたいな。

吉●やっぱ盗みとパクリだよ。それで成長していくよね。

沢●そこは昔からブレていないですよ。だって、良いものは良い。テレビもそうですもん。

吉●そう、良いもの良いんだよ、結局ね。

---

20 東京都出身。大学時代からクラブDJとして活躍。番組制作の経験を経てラジオのでディスクジョッキーに。日本カー・オブ・ザ・イヤーの選考委員でもある。

21 1998年4月から2022年9月まで放送されたJ-WAVEの長寿番組。ピストン西沢のテンションが高いトークと、クラブDJならではの選曲がウリだった。

ラジオ番組という場

吉●最近、ラジオ業界で一旗あげようと思っている人が少なくなっているね。昔は番組を当ててやるぞっていうやつがたくさんいて、俺もそうだった。今って、みんな誰かの様子をうかがいながら、そこそこ当たればいいくらいの気持ちになってるのが（ラジオ番組が）面白くない一番の原因のような気がする。

あと、変な人がいなくなったのもまずい。昔の文化放送は癖のある人だらけだった。今は似たような人しかいないから、面白い話は出てこないよね。

何でさ、放送局は右へ倣えで動くの？　沢田君、理由を知ってんじゃないの？

沢●全く分からないです。でも、どこも一緒だと思いますよ。

吉●せっかくこの業界に入ってきてさ、チャンスはあるわけじゃん。ラジオが盛り上がっていた時代と比べると、今はそのチャンスの芽が小さいかもしれないけど、すぐ諦めるのはもったいないよね。俺だって、若い頃はがむしゃらにやろうっていう気持ちだけはあったし、続けてると当たることもあるわけじゃん。

沢●ラジオに憧れて、ラジオが好きな20代の若手は潜在的にいるんですよ。そんな若手たちを育てなきゃいけない立場の人たち、ラジオを聴いて育ってきた世代が「もうラジオじゃないよ」とか、そんなことを平気で言ったらだめだろって。今はポッドキャストとか、いっぱいあるじゃないですか。若手も、もっと前に出てやっていいんだよって思います。だって、彼らはすごく能力が高いから。ラジオ番組をやらせたら嬉々としてやってくれるんで。でも、今は若手アナウンサーに注目が集まる機会が少なくて大変ですよ。

吉●優秀なアナウンサーは文化放送にもいるのよ。僕と一緒にやっている甲斐（彩加）[22]さんも人気あるしね。最近、若手が少ないからちょっと寂しいかな。誰が化けるかなんて分かんないじゃん。そこにちょっとでも局は賭けてくれないとね。

沢●やっぱり、（若手アナを）変えてくれる番組、場が必要ですよね。これを作らないといけない。照美さんがやってる番組みたいに。

吉●場は大事だよね。若い人はそこでどんどん変化していくからね。

---

22 宮崎県延岡市出身。文化放送アナウンサー。「てるのりのワルノリ」「A&G TRACKS」「ますだおかだ岡田圭右とアンタッチャブル柴田英嗣のおかしば」などを担当する。

もう一度、ラジオを元気に

吉●沢田君はこれからどうすんの？　10年後とか。展望みたいなのはある？

沢●そうですねー。今まで朝の番組はやったことがないんですよ。あんまり向いてないし、興味がないんですよね。新聞は読みますけど。

吉●興味がないっていうのは、いわゆる朝の番組の報道色が強い内容に？　すごいありそうに見えるけど。

沢●照美さんみたいなジャーナリスティックな切り口のしゃべりができたら、ありかなと思うんですけど。

吉●俺は思ったことを言ってただけだし、沢田君だって思ったことを言えばいいだけでしょ。こんな政治を目の前にしたら、言えるでしょ。

沢●思ったことを自分の言葉として言えるかどうかですよ。あと、山口県という保守王国の出身で、その血が流れてますから（笑）
　これはリスナーが決めることですけど、昼の番組をもうちょっと続けてもいいかなって。

吉●じゃあやった方がいいね、それは。やっぱり自分がしゃべるってことでしょ？

沢●それが理想ですね。70歳まではどんな形でもラジオに携わりたいですね。だって、照美さんがまだやってらっしゃいますもん。

吉●俺、70歳を超えてんのに言いようがねえじゃん。
　今、伊東四朗さんと「親父・熱愛《パッション》」（文化放送）っていう番組をやっていて、伊東さんは86歳、僕は73歳でしょ。で、水谷加奈[23]がいて。伊東さんと2人で好き勝手にしゃべってるけど、世代が違うと物の見方が変わるから、番組の目の付けどころは良いと思いますね。これを長く続けたい。
　それから、オテンキのり君[24]とやっている「てるのりのワルノリ」。彼は若いお笑

---

23 東京都出身。文化放送アナウンサー。「伊東四朗 吉田照美 親父・熱愛」「武田鉄矢・今朝の三枚おろし」「アーサー・ビナード ラジオぽこりぽこり」なども担当する。

24 千葉県鴨川市出身。お笑いコンビ「オテンキ」のメンバー。ライブでは、相方のGO（ごー）とコントを中心に披露する。

い芸人だけど、しゃべりで負けたくないよね。
それと、もう一回ラジオで大儲《もう》けできるようなことを生み出せれば、周りの見方も変わってくるよね。だって、ラジオが盛り上がった時代があったわけだからさ。まだまだやれることはあるよね。

沢●そうですね。若い20代にもラジオの良さを感じてもらうために、もうひと頑張りしないといけませんね。

沢田さんは尊敬できる同郷の先輩
「PAO～N」は全国に誇れる番組です

高校時代からリスナー

「PAO～N　ぼくらラジオ異星人」は高校生のときも聴いていたし、大学進学で福岡に来てからもリスナーでした。下宿先にいた他の学生もみんな夢中でしたね。沢田幸二さん、師岡正雄さんがパーソナリティーだった頃かな。僕は、ネタコーナーにはがきを送るタイプじゃなかったですね。番組に採用されるような面白

松村邦洋

まつむらくにひろ　山口県出身。大学生の頃、芸能界入り。ビートたけしをはじめ、型破りなものまねで人気を集める。「PAO～N」では、阪神タイガースの岡田彰布監督のものまねを披露する。野球、歴史に精通し、テレビ、ラジオなどで活躍中。

いことを書けなかったから。

当時、大好きだったのは「超心理学コーナー」。幽霊の声が聞こえるみたいな触れ込みで、逆から再生したら言葉になっていたものもあって、ラジオの前でぞっとしていました。あと、山崎銀之丞さんが出ていたＲＫＢ毎日放送の「Ｈｉ《ハイ》Ｈｉ《ハイ》Ｈｉ《ハイ》」も聴いていましたね。

ローカルの番組って、なんとなくやさしいイメージがあったんですけど、沢田さんのトークは攻撃的だった。そこが若者に受けたんでしょうね。絶大な人気でしたよ。

若い頃の沢田さんのしゃべりは、早口なのにうまいという印象。吉田照美さんに似た感じかな。雑誌「ラジオパラダイス」で全国各地の番組やパーソナリティーが紹介されていて、ＣＢＣ（中部日本放送）の元アナウンサーの小堀勝啓さんとか、広島で活動していた一文字弥太郎さんとかも有名でした。地方のラジオは昔から強かったけど、個人的には沢田さんがトップじゃないかな。吉田豪さん並みのインタビュアーでもあるし、相手の個性を引き出す能力がすごいんです。

「てるてるワイド」（文化放送）や「ＭＢＳヤングタウン」（ＭＢＳラジオ）とか、東京や大阪発の全国区の番組はあったけど、「ＰＡＯ〜Ｎ　ぼくらラジオ異星人」も遜色なかったですよ。

初めて沢田さんに会ったときの印象は、リスナー時代に思い描いていた雰囲気と一緒でした。「なんだ松村、この野郎」って感じじゃなくて良かった。あと、顔が高杉晋作に似ているなとも思いましたね。

芸能人の間でも話題

今の「ＰＡＯ〜Ｎ」は、ラジコで聴いていますよ。学生の頃から番組を聴いていたので、夜のイメージが強いですけど、昼も面白い。爆笑問題の太田光さんやカンニング竹山さんとかも聴いていますよ。ニッポン放送で番組をご一緒している高田文夫さんも『ＰＡＯ〜Ｎ』ってラジオ、なんか話題だな」って言ってくれています。

思い出しましたけど、東京からリモート出演しているとき、たまたま太田プロの事務所を訪れた徳光和夫さんに『ＰＡＯ〜Ｎ』に出てくださいよ」とお願いしたら「おー、いいよ」って。徳光さんと沢田さんは立教大学の先輩と後輩なんです。偶然にも初共演がかないました。二人のやりとりはもちろん面白かったし、いい橋渡しができてうれしかったですね。

どこか似ている二人

沢田さんの、どんな人にでも合わせる力とか下調べする姿勢はすごいですよ。僕もラジオ番組を持たせてもらえるようになって、「オールナイトニッポン」（ニッポン放送）とかでも、しゃべる機会をいただきましたけど、しみじみそう感じます。なかなかできることじゃない。

そして、とにかく雑学がすごい。皆さんご存知でしょうけど、高校野球は特に詳しい。誰々はどこの出身で、高校はあそこだとか、元プロ野球選手で久留米商業のエースだった山田武史がどうだとか。僕も高校野球は好きですけど、話がかみ合うパーソナリティーって他にいないですもん。聞き上手だし、僕の暴投もちゃんと捕ってくれる。好調時の甲斐拓也捕手（福岡ソフトバンクホークス）ぐらいね。時には「甲斐キャノン」でピンチを救ってくれるし。やっぱり地肩が強いんでしょうね。

僕もそうだけど、沢田さんは昔からラジオをよく聴いていたんだろうなと感じます。今も僕が出ている番組まで聴いてくれてますもん。

ラジオが好きだし、同じ山口県出身だし、野球好きだし、歴史好きだし……。そう考えると結構、共通点が多いですね。

番組に出演するゲストの歌は全部聴いているみたいだし、ＢＳもバラエティー番組も何でも見ている。休みの日に古墳を見に行くとか、バイタリティーがすごいです。

前ピン、かっこいい

僕は「ＰＡＯ～Ｎ」の中で「前ピン」が一番好き。本当に面白い。個人的には放送の3時間ずっと前ピンでもいいくらい。

出演する僕も本番で初めて聴くので、思わず笑っちゃいますもん。あれだけ毒舌だから、笑い声を出さないで静かにしている方が芸能人としては安全なんですけどねー。

でも面白いから笑っちゃう。スタジオにいながら僕もリスナーになっている瞬間がありますね。目の前で前ピンを聴くとかっこいいなって思います。爆笑問題さんも「惚れた」って言ってました。

面白い池上彰さん

沢田さんはいわば面白い池上彰さん。僕はオンエア中も言葉足らずだから、沢田さんが補足してくれて本当に助かっている。どっから出てくるんだろうというくらい知識や情報が出てきますよね。番組で「コマンタレブーちゃん」というコーナーをやらせてもらっていますけど、僕が好きにしゃべっていると、沢田さんが他の話と結びつけてくれたりするから、こっちが「なるほどー」ってなる。何より沢田さんはいつも正しい判断をします。僕が深瀬智聖ちゃんにだめなツッコミをすると、すーっと流す。僕は「あー、間違っちゃったなー」って反省する。

僕がゲストと盛り上がって話が脱線しているときも、沢田さんが引っ張ってくれるんです。引っ張るというか導いてくれる。

沢田幸二という名前は、〝沢山の幸せ〟って書きますよね。この文字通り楽しみながら、番組をやってるところがいいなーと思います。

「PAO～N」は癒やし

僕にとっての「PAO～N」は、疲れが取れる番組なんですね。リラックスできて、やりやすい。沢田さんのオーラがそうさせるんでしょうね。スタッフとの関係も良好だし、慕われていますよね。面白いときは思い切り笑う。そんな自由な雰囲気も好きです。

あと、「PAO～N」は最初から最後まで出演できるじゃないですか。テレビの場合は途中までの出番だったり、誰かの代わりだったり。人数が多い番組だったら、出しゃばりづらいときもある。野球でいえば、投手の途中降板やピンチヒッターですよ。その点、「PAO～N」は全試合フルイニング出場だから楽しいんです。

僕も気がついたら10年もやらせていただいています。時の流れは早いですねー。歳のせいだろうけど、最近は特に感じます。だから9歳年上の沢田さんが番組を続けているっていうのは本当に励みになりますよ。

PAO～N パオ～ン

女性スタッフ
覆面座談会

【番外編】

これが沢田幸二のトリセツだ！

「PAO～N」を作っているのは、パーソナリティーだけじゃない。
ディレクターやミキサーらスタッフが段取りをして指示を出し、番組を進める。
現在はそのほとんどを女性が務め、沢田幸二を一番近くで支えている。
果たして、彼女たちの目にエグアナはどう映っているのか。
リスナーが知らない裏の顔も踏まえ、“取扱説明書”を語った。

一、ちゃん付けは人見知りを脱したサイン

沢田さんってどんな人？　その回答でスタッフ全員が真っ先に挙げるのが人見知り。では打ち解けるための秘策はあるのか、人見知り対象から外れたかを見極めるすべは—。

虫●スタッフは20代から40代が中心。私は、沢田さんの娘さんと同じ年齢。

ヨ●女性が多いのは偶然ですね。福岡のラジオ業界で沢田さんを知らない人はいないと思う。でも、スタッフの年代でだいぶ印象が違うのかなー。

虫●名前は知っていたけど、私は熊本出身なので、誰？って感じでしたよ。

P●私は沢田さんと同郷の山口ですけど、テレビっ子だったので沢田さんのことはあんまり……。すみません。

く●沢田さんに初めて会った時の印象は、普通のおじさんかな……。

ぐ●沢田さんは人見知りだから、初めて会う人、

●ミキサー　ヨリコ…（ヨ）●アシスタントディレクター　てるちゃん…（て）●アシスタントディレクター　くりみ…（く）

特に女性はやや苦手。その分、すごく下から来てくれる。

P●男性でもそうですよ。男女問わず気を使ってます。

虫●女性の方がぐいぐい行くから、沢田さんが心を開くのが男性よりちょっと早いのかも。

P●私の場合、「PAO～N」の担当になって、1年半くらい。話をするとき、ようやく目を合わせてくれるようになりましたね。昔からとてもシャイだったと、元「DJギャル」の下田文代さん（RKB毎日放送）も言われてました。

て●私は最初、さん付けで呼ばれていたけど、ある日を境に〝ちゃん〟になった。初めてちゃん付けされたとき、沢田さんの声がめっちゃ小さかった。

全●えー、かわいいー。

ぐ●沢田さんは、偉そうにならんように3パターンぐらいの呼び方を用意しておいて、順番に呼んでいくらしい。呼び捨てを2回続けたら、3回目は○○ちゃんみたいに。

全●なんそれ、めちゃくちゃ気を使っとるやん。

ヨ●スタッフの名字に「口」が付くのが3人いるんです。だから、呼び名は○○ぐっちゃんみたいのが多いかな。

ぐ●沢田さんの場合、最初はさん付けもない。「ねー」とか「あのさ」とか。ある日突然、満を持してちゃん付けがやって来る。

P●沢田さんが人見知りだから、沢田さんへの憧れが大き過ぎるスタッフは逆になじめない。

虫●私たちの気軽さがお互いに楽なのかも。

ぐ●でもスタッフになったばかりのときは、1日1回は沢田さんを笑わせるぞと意気込んでいました。これは（沢田さんを）取り入れるための策略。

今は何も考えてないけど。

く●私は策略なんてなかったですね。今もないし。

虫●個人的には、距離が近すぎるのも仕事上どうなのかなと思っているので、ここ1、2年は意識的に話しすぎないようにしているかな。緊張関係

●プロデューサー　P子…（P）●ディレクター　ぐち子…（ぐ）●ディレクター　虫歯ちゃん…（虫）

も必要だと思って。

一、スピードに食らいつけ

沢田の生態を知るうえで、スピードはキーワードになる。食べるのも、歩くのも、見るのも何でも速い。スタッフの多くは当初、せっかちとも言えるその速さに面食らう。でも、このスピードに負けてはいけない。

ヨ●オンエア前、全員で社食に行ってご飯を食べるんですよ。沢田さんいわく、団らんとかチームワークを高めるために。

ぐ●沢田さんはめちゃくちゃ早食い。団らんなんて言ってるけど、文字通り受け取って食事中に話をしようものなら、沢田さんはすぐに食べ終えて、テーブルを指でカタカタたたき始める。さらに、「もう済んだ?」「ないかないか?」って周りを急かす。

P●「PAO～N」に移ってきたときは泣きながら食べてたもん。速すぎて。

ぐ●私もおかずを飲みよった。

ヨ●歩くのも超速いよね。私は沢田さんと一緒の電車で帰ることがあるんですけど、最寄り駅に着く前に見失ったことがあります。で、どちらにいますかって連絡したら「あ、ごめん。もう電車に乗った」と。まかれたんです。

ぐ●そう言えば、「トムとジェリー展」を一緒に見に行ったとき、生放送が控えていて時間がなかったこともあるけど、歩くのがめっちゃ速かった。私は会場を小走りで追いかけて5分くらいで駆け抜けた。あれ、本人はなんも見てないやろ。

虫●動画も倍速で見たがるし。

ぐ●「アナと雪の女王」のDVD発売直後、沢田さんは歌だけをすっ飛ばしたくて早送りしてたら、結局最後まで見ずに終わったらしい。「全部歌っとうやん」って。ミュージカル仕立てのそういうアニメだっつーの。

一、気分屋さんの自称「ニワ・トリ男」

人見知り＆気づかいの反動か、ため込んだモヤモヤを突然〝噴火〟させることもあるという。普段温厚な分、怒ったときは一層怖い。ただ怒った直後、言い過ぎたと自省する一面も。だから憎めない。

ぐ●怒ったとき、声がでかいのがヤダ。怒るというか、ピリッとするときあるやん。アナウンサーって声が通るからより怖い。「さーせん、次は気ぃつけまーす」みたいに収束させようとすると、「ほんとに怒っとうけんね」ってさらに燃え上がる。

虫●私、沢田さんとよくけんかします。ディレクターが折れたらいかんと思っているから。オンエアでスポンサーさんの提供読みというのがあるんですけど、直前のCM中に沢田さんたちの話が盛り上がりすぎて、笑って提供を読むまでに時間がかかった日があった。それを私が注意して、沢田さんと言い合いになった。お互い折れない性格だからバトルになる。

P●生放送はハプニングが面白いっていう考えの人だから、ある程度は許すんですけどね。でも、スポンサーさんのことはすごく大切にするんですよ。そのさじ加減が難しい。

ヨ●でも沢田さん、次からせん（しない）ようになったよね。

虫●そう。反論して反省するんです。

ぐ●そもそも怒られる人と怒られん人がいる気がする。人見知りがゆえにその人選が偏る。私なんか以前、ボールペンを借りただけで怒られた。「借りるなー！」って。なんで？

全●そんなことで怒られるのあんただけよ。

ぐ●「トークバック」といって、放送中にディレクターから沢田さんのイヤホンに連絡する機器があるんですけど、私が「こうしてください！」って言ったら、沢田さんがビクッてなるんです。沢田さんが付けてるイヤホンの音量、バリでかいから。で、そのとき、「トークバック禁止ね」って言われた。音量を下げりゃいいのに。だから最近

●プロデューサー　P子…（P）●ディレクター　ぐち子…（ぐ）●ディレクター　虫歯ちゃん…（虫）

は、そーっと声かけてる。
ヨ●人間だから日によって機嫌の善し悪しがある。放送じゃ分かりづらいかもしれないけど、そばで見ている私たちはすぐ分かる。
虫●放送でも分かるときはありますよ。
ぐ●でもこの間、「俺は大人だからそんな（機嫌）の隠せるよー」って言ってた。全然、隠せてないのに。
ヨ●沢田さんと原田らぶ子さん、波田陽区さん、私たちでご飯を食べているとき、波田さんが「（旧ジャニーズ事務所の）セクシーゾーンってどういう意味？」って私たちに聞いてきたんです。そしたら沢田さんが「女性にそういうこと聞く時代じゃないから！」と急に大きな声。慌てて私が場を和ませようと「この定食のカニクリームコロッケ、カニの味がしないですよね」って意味不明なことをらぶ子さんに投げかけたらきょとんとして、その場がさらに変な空気に……。
く●私は下向いて、笑っていましたね。
全●かの有名な「カニクリームコロッケ事件」。
ヨ●でも、沢田さんはその後「陽区、お菓子でも食べんね」って。すぐ反省するところは偉い。
虫●あっ、思い出した。公開生放送のとき、「どうせならお客さんの前で前ピンしますか？」って尋ねたんです。でも本人は隠れたところでしたいって言うので準備したら、大勢のお客さんを目にした途端、「やっぱり見えるところでした方がいいのかな」って。だけん（だから）言ったやんって。この展開はスタッフにとっての沢田あるある。
ぐ●そんなとき「俺、ニワ・トリ男やけん」って、前に言ったことを3歩で忘れるみたいな言い訳するんよ。
全●なんじゃそれ。

一、しくしく鳴いたらかまうべし

●ミキサー　ヨリコ…（ヨ）●アシスタントディレクター　てるちゃん…（て）●アシスタントディレクター　くりみ…（く）

KBCの社内で時折、昼夜問わず聞こえてくる「しくしく」という小さな声。か細い声をたどっていくと、そこにはエグアナの姿が。ひょっとして寂しいのだろうか。出くわしたときの正しい対処法は？

虫●番組の打ち合わせの後、会議室からアナウンス部に戻っていくとき、沢田さんは「しくしくしくしく……」って、ずっと言っています。すると、アナウンサーたちが一斉に振り返るんです。

P●確かにずっとしくしく言ってるよね。そもそも、20メートルぐらい先でもかすかに聞こえる。

ぐ●沢田さんは大きな声で「〇〇ちゃん、今日も頑張っていこうね」みたいなことが言えない人。代わりに「しくしくしく」って言う。だいぶ前の話だけど、ルーシーさんが〝しく〟の意味が分からなかったようで、沢田さんが「伝わってない」って嘆いていた。

く●私も、その意味をよく分かっていなかったです。

て●私はADなので、コロナのときは除菌のためにテーブルを拭くんですけど、そこに座っていた沢田さんが小さな声でひと言「しく」って言ったんです。あれ、なんかつぶやいた？と思って、ほかのスタッフに聞いたらありがとうの意味だよって。それ以降は沢田さんの近くを拭くとき、耳を澄ましてます。そうしたら今度は「しくしく」って。2回も言ってくれたのはうれしかった。

ぐ●沢田さんは案外かまってほしい人だから、そんなとき「しくしく」と言っている気がする。しくしくが聞こえたら誰かが声を掛ける。その声掛け待ちなのかな。

全●それ、絶対ある。しくしくはもはや鳴き声。セミという説も。

く●私は旧ジャニーズが好きなんですけど、沢田さんはやらかしてる人のリサーチがすごいから、最近はしくしく言いながら声を掛けてもらう機会が増えました。

ぐ●若い人の話とか流行りの情報とかを知りたが

●プロデューサー　P子…（P）●ディレクター　ぐち子…（ぐ）●ディレクター　虫歯ちゃん…（虫）

る。いっつも「ないかないかないかないか」って。あまりに言うから、自分の推しのサンリオキャラクターの話をしたら、沢田さんが「その話、もういいですか」って。本当はネタがなくて絞り出したのに、もういいって何！

全●かの有名な「もういいですか事件」

一、飽くなきお菓子への執念

リスナーの間でも沢田さんのお菓子好きはよく知られている。リスナーの多くは子どもみたいでかわいいと好意的に受け止めているだろうが、間近で接しているスタッフたちはいかに。

ヨ●スタッフ全員一致の沢田さんへの不満は、「お菓子をこぼすな！」です。

ぐ●廊下を歩きながら食べている。歩いた後は柿の種、ピーナッツ、柿の種みたいに落ちている。「ヘンゼルとグレーテル」かよって。

く●食べかすを拾いながら後を追った覚えがあります。

虫●沢田さんはお菓子の袋を上から下に向かって縦に開ける。中のあめとかが散らばるから横に開けてくださいって、今日も叱りました。

ぐ●あと、スナック菓子を微妙な量だけ残すよね。ほぼ粉のやつ。「そこがうまいんよ」とか言いながら、結局食べない。

ヨ●お菓子だけじゃなく、コーヒーもカフキーに何度もこぼした。

P●もう、心配になる。

虫●オンエアでそれが続いて、見かねたリスナーさんがふた付きのマグカップを贈ってくれましたよね。スタッフ一同、沢田さんに代わりまして感謝申し上げます。

て●バウムクーヘンをみんなで食べましょうって切り分けたとき、沢田さんがすぐに食べずに、バウムクーヘンで物ボケをしようとしてた。手でつかんだにもかかわらず、ボケた後は食べずに元に戻していた。

ぐ●沢田さんに限らず、私たちは何かもらったら物ボケをしないといけないという病気にかかっている。物ボケか、「うまいこと言ってください」シリーズの2択。

て●沢田さんは血圧が高いので、ぐち子ちゃんがお菓子を隠しています。「俺が買ったのに隠されたー」ってよく言っています。

虫●隠されたらすぐ買いに行って、また食べてますよ。

ぐ●最近は私とすれ違うとき、背中側にお菓子を隠して、カニ歩きで去って行くようになりました。

全●小学生か。子ども過ぎるやろ。

ぐ●この前、沢田さんとご飯を食べていたら、あるスタッフが「沢田さん、元気でいてくださいね」ってしみじみ言い出して。それを聞いていたら私も、沢田さんいつか死んでしまうんやーと思って……。家に帰って泣いた。

全●泣くんかい！　なに、その変な飲み会は！

虫●でもここ最近、塩分管理に飽きたらしい。週末だけはラーメンを食べてもよかろうとか週の中日だからちゃんぽんを食べて元気出そうみたいなことを言い出して。

ぐ●ゲストが持ってきたお菓子はOKという謎の独自ルールもあるし。

虫●忖度なしにいろいろしゃべったけど、「しょうがないな、もう」って思える人柄なんです、沢田さんは。

P●とにかく、これからも健康でいてほしいですね。

● プロデューサー　P子…（P）● ディレクター　ぐち子…（ぐ）● ディレクター　虫歯ちゃん…（虫）

特別寄稿

忖度しないにもほどがある

髙田 郁

たかだかおる　兵庫県出身。１９９３年漫画原作者（筆名・川富士立夏）デビュー。２００８年小説家に転身。著書に「みをつくし料理帖」シリーズ、「あきない世傳　金と銀」シリーズ、「軌道春秋」シリーズ、「銀二貫」などがある。

魚心あれば、水心。

魚に水と親しむ心があれば、水もこれに応じる心をもつ、というのが本来の意味です。平たく言ってしまえば、相手から「好き好き超大好き」と迫られたら、こっちもその気になっちゃうぞ、ということでしょうか。

昔の時代劇では、悪徳商人が悪代官に賄賂《わいろ》を贈る際、このことわざが台詞《せりふ》の中によく引用されていました。これと「越後屋、おぬしも悪よのぅ」はセットで用いられることが多かったように思います（当社調べ）。

　さて、私は「PAO〜N」の大ファンで熱心なリスナーの一人です。深夜枠の頃からのリスナーさんに比すれば、新参者のヒヨッコではあります。でもね、番組への愛は、英彦山《ひこさん》より高く、有明海よりも深いのです。えっ？　「なぜ、アルプスとかマリアナ海溝とか言わないのか」ですって？　だって、それが「PAO〜N」なんですってば。

　兵庫県在住の私が、福岡のラジオ番組を知るに至った発端は、福岡で開催させていただいたサイン会でした。読者さんが、拙作を知ったきっかけとして「『PAO〜N』で、おすぎさんが紹介されていました」と仰ったのです。

『ぱおーん、て何だす？　象の鳴き声だすやろか』

　思わず大坂の丁稚《でっち》言葉で呟いてしまいました。リサーチして、KBCラジオの番組だと判明。驚いたことに、担当編集者（あだ名は「プリンス」）は、番組のことも、有名な前ピンのこともよく知っていたのです。何てこったい。

　ともにラジオ派ではありますが、早くに「ラジコプレミアム」に加入していたプリンスは、東京在住でありながら、密かに「PAO〜N」を聴いていたとのこと。チッキショー、出遅れてしもうたわい、とぎりぎりと歯噛みしました。

おすぎさんには、特別な想いがあります。

時代小説でデビューして間もない頃のこと。「みをつくし料理帖」シリーズの第一作を、おすぎさんが、大阪のテレビ番組で取り上げ、強力にお薦めくださったのです。人づてに聞いて、どれほどうれしく、感謝したことでしょうか。

そのおすぎさんが、KBCラジオの「PAO～N」月曜日に出演しておられる！　しかも、新シリーズ「あきない世傳《せいでん》　金と銀」を紹介してくださっている!!

これはもう、何ちゃらプレミアムに加入せねば！と握り拳をぷるぷる震わせる勢いで決意したのです。済みません、最初はおすぎさん目当てでした。ほんと、大好きなんですよ。

目の手術を受けるために入院したとき、病室でスマートフォンを操作、無事にラジコプレミアムの会員になりました。

最初に聴いたのが「おすぎとピーコのシスター・シスター」、次いで「サンデーおすぎ」、それから「PAO～N」月曜日。「随分と遠回りだな」と思った「PAO～N」ファンの、あなた！

私の場合、まずは大好きなひとに真っしぐら。次第に、そのひとが居る番組に親しみを持つようになり、やがてどっぷりに。ゆっくり愛を育てたように見えながら、「PAO～N」の全曜日沼に落ちるのは割合早かったのです。

ただ、2018年当時は、プリンスを除いて、まだ周囲にラジコを知るひとは少なく、番組のことを誰かと話す機会もないままでした。

日頃、仕事場に古いラジオを置いて、在阪のラジオ局の番組を楽しんでいます。特にお気に入りなのが、ABCラジオの「ドッキリ！　ハッキリ！　三代澤康司です」（通称「ドキハキ」）という番組です。

ある時、その「ドキハキ」でメインパーソナリティーの三代澤さんが、何の前触れもなく、沢田さんの前ピンの真似を始めたのです。飲んでいたコーヒーをパソコンの画面に噴いてしまいました。こんなことって、あるんだなあ、と編集者のプリンスに報告したところ、「それなら、RCCラジオの横山雄二さんの番組を聴いてみてください。横山さんが、その件でお喋りされてますよ」と。

沢田さんと懇意で、何より沢田さんの大ファンでもある横山さんがご自身の番組内で「あの前ピンは何だ！　沢田さんへのリスペクトが足りない！」と怒り心頭で叫んでおられました。

この一件がきっかけで、それぞれのリスナーがほかの番組も聴くようになり、情報を各番組に提供するようになっていきます。いつだったか、三代澤さんが「PAO～N」の「九州馬鹿一代」コーナーに電話出演されたときは、ドキハキリスナーは大盛り上がりだったんですよ。

ラジオ愛好家としては長いですが、ラジコの登場はラジオの可能性を一気に広げた、とつくづく思います。

さて、私が最初に「ＰＡＯ～Ｎ」に電話出演をさせていただいたのは、２０２０年秋のこと。初めておすぎさんとお話しさせていただけて、もうデレデレになってしまいました。

へ？「メインパーソナリティーの沢田幸二さんへの愛が足りないんじゃないか」ですって？しようがないなぁ、では、沢田さんのことを少々。

いつぞや、関西の書店さんが「ＰＡＯ～Ｎ」に電話出演されたことがありました。会話の中で、書店員さんの口から「高槻」という地名が出たんです。それまで緩～く相槌を打っておられた沢田さんが、別人か、と思うほど喰いついたんですよ。「高槻⁉⁉」と。

ゴメンなさい、私、そのとき、「いやいやいや、『高槻』だすで。寒天つくってる土地だすけどな、全国的な知名度はめっちゃ低おますのや。知った振りはあきまへんで」と、丁稚言葉で突っ込んでしまいました。

やがて、沢田さんの趣味が古墳巡りと知り（↑遅い！）、ハッと。

そうなんです、高槻には今城塚古墳という素晴らしい古墳があるのです。沢田さん、その節は誤解して申し訳ありませんでした（土下座）。どさくさに紛れて今、謝らせてくださいませ。

あ、ちなみに高槻のゆるキャラは「はにたん」という埴輪なんですよ。はにたんを目にする度に「沢田さん、この装束、似合うだろうなア」と思ってしまうことは、内緒、内緒。

どの番組にも、変化はつきもの。

「PAO～N」も、パーソナリティに変化のあった曜日がありました。ことに月曜日は、平田たか子さんからコガ☆アキさんへ。おすぎさんから、川上政行さん、そして和田安生さんへ。卒業を見送る寂しさを、新たな出会いが埋めてくれました。

そうそう、川上さんの「PAO～N」卒業の日、川上さん以外の出演者&番組スタッフの皆さんと、サプライズを仕掛けたのは、忘れられない思い出です。当日、私は表向き、電話出演させていただくことになっていました。用意された進行表は二枚。川上さん用の進行表には「ゲスト・髙田郁さん。電話出演」と書かれていました。が、実は前日から福岡入りして、生出演に備えていたのです。当日、大きな花束を抱え、エプロンをつけて花屋の店員さんに化け、KBCへ。「隠密同心」というコードネームを与えた局員さんの手引きで、こっそり入館しました。沢田さんはもちろん、全員ぐるです。川上さんと鉢合わせしないよう、スタジオ脇の小部屋に潜んで待つこと三時間。

「髙田さ～～～ん」

沢田さんのコールに応えて、スタジオの重いドアをばーん!! 刹那、川上さんが椅子から落ちそうなほど驚愕されました。いひひ、サプライズ、大成功でした。

でもね、生放送でこんな無茶、そうそう許されることではないんです。「PAO～N」なればこそ、やらせていただけたこと、と心から感謝します。

ところで、番組出演の都度、楽しみにしているものがあります。それはKBCの社員食堂！　滅多に取り上げられることもないでしょうから、ちょっと解説させてくださいな。定食は三種類、私が利用させていただいた日は「鰯のフライ」「豚肉と蓮根の炒めもの」「ダブルチーズハンバーグ」で、ご飯の量を、大盛りから少量まで細かく設定できました。カレー、そして麺は二種類あります。んもう、これだけで極楽だと思いませんか？

オンエア前、沢田さんたちと横並びでもりもり食べます。そう、私たちは「ひとつ釜の飯を食べた仲間」と言っても許されると思うのです。ね？　ね？　そうでしょう？　沢田さん！　そしてリスナーさんから寄せられたメールを選ぶ番組スタッフのかた！

さて、ここで冒頭のことわざを思い出してくださいませ。

魚心あれば、水心。

大事なことなので、何度でも書きましょう。「魚心あれば、水心」、良いことわざです。うん、実に良い。

番組出演、それにメールでの投稿、クイズへの応募などなど、私はこれまで、「ＰＡＯ〜Ｎ」への愛を惜しみなく打ち明けて参りました。

最初は片思いでしたが、いつしか番組内で「PAO～Nファミリー」と呼ばれるようになりました。断じて、自称ではありませんぞ。「PAO～Nファミリー」、何と魅惑的な響きでしょうか。

リスナーの皆さま、あなたの送ったメールがボツになったとき、「きっと優遇されているヤツが居る」と思われたこと、ございませんか？

特に、私が番組に出演しているときなど「こいつ、絶対、優遇されてるだろう」と。

誤解だす、それは誤解だすのや。

今、身をよじって大声で叫んでおります。

良いですか、皆さま。自慢ではありませんが、番組にどれほどメールを送っていることか。それはもう担当編集者のプリンスが「原稿の修羅場中に何をやってるんですか」と顎を外すほどに。

ことに、月曜日の「歳伝説」ですが、本当にねぇ、聞くも涙、語るも涙……。ネタを考え、送っているのですが、ボツ！　ボツ！　ボツ！　採用されたのは二回だけ、というていたらく。もうね、泣くしかないですよ。

先のことわざに続いて、日本には「忖度」という美しい言葉があります。近年、政治家が用いることで汚れてしまった印象ですが、本来は、他人の心中を推し量る、という意味です。

もうこっちの「好き好き超大好き」はしっかり伝わっているはずです。そこから一歩踏み込んで

「今回こそ、採用してよね、ね、ね！」

という心中を忖度してくれても良いと思うのですよ。毎度毎度、採用メールの投稿者の住所が読み上げられる度に「ほらほら、兵庫県だよ、兵庫県って言ってごらんなさい。待ってるんだからさ」と願い、それが打ち砕かれる、という……。言葉を生業にする作家のはずなのに……。

もうね、この番組には忖度がない。いや、忖度がないにもほどがあるだろう（絶叫）。

握り拳で涙を拭いながら、来る日も来る日も、私は「PAO～N」への愛を伝えるために投稿するのです。

ボツ仲間の皆さま、今日もめげずにキーボードを打つべし、打つべし!!（了）

解説

まだ続いてたの!?は褒め言葉

やきそばかおる

山口県山陽小野田市出身。ラジオコラムニスト。全国のラジオ番組に関する取材、執筆を行っている。「PAO～N　ぼくらラジオ異星人」は中学時代からこっそりとハガキを送ってはボツになり、社会の厳しさを学んだひとり。

平日の13時。「リターン・オブ・ザ・ドラゴン」をBGMに「前ピン」を披露する沢田幸二さん。60歳を超えるパーソナリティーがこれほどテンションと血圧を一気に上げて始める番組を他に知りません。

「PAO～N」は2023年5月に放送開始40年を迎え、平日昼のワイド番組になって、20年が過ぎました。

沢田さんの一日は7時に出社して前ピンの内容を考えることから始まります。放送が終わるのは16時。この一連の流れを20年以上も続けているだけでもすごいことなのに、沢田さんは「今は、毎朝同じ時間に来て同じ時間に帰れるから、それほど大変ではないんです」とさらっと言われます。

ラジオ番組を長く続けることは容易ではありません。番組が終了する理由は聴取率が振るわない、スポンサーが付かない、パーソナリティーの健康上の都合などさまざま。「PAO～N　ぼくらラジオ異星人」を聴いて育った人が久しぶりにラジオをつけたら沢田さんの声が聴こえてきて『PAO～N』ってまだ続いてたの!?」と驚いた人もいるのではないでしょうか。これは沢田さんや番組関係者にとって最高の褒め言葉だと思います。


平日夜のワイド番組「PAO～N　ぼくらラジオ異星人」が成功した要因は二つあると思います。一つは、前ピンに代表されるくだらないことに真面目に取り組む姿勢。当時の人気コーナー「キャンパス漫遊記」はわざわざ高校に行かなくても成立しますし、ある高校の教頭先生に追い払われなくても済みます。ところがそれをやり続けるのが「PAO～N」なのです。

こうした精神はリスナーにも宿りました。オリジナルの替え歌をカセットテープに録音して送る「リクエストわけありベスト10」は、歌詞もメロディーも考えるのにひと苦労したはず。それにも関わらず、当時の名作「八女茶でチャチャチャチャ」「線路は終わるよ門司港で」などの歌詞は、センスの塊でした。AIに考えてもらったとしても「あんなに面白い歌詞は思いつきません」と白旗を上げることでしょう。

もう一つは「中高生リスナーとの距離の近さ」。キャンパス漫遊記や数々のイベントを通じてリスナーと接し、番組の感想を聞くことがとても参考になったそうです。大学生アルバイトスタッフの活躍も忘れてはいけません。東京のキー局のラジオ番組は放送作家がコーナーの企画を考えることが多いですが、お金も人も足りないローカル局はそうもいきません。沢田さんたちは大学生が持つ、中高生に近い感覚を大事にしていたのです。

企画を話し合うのは会議室や、今はオンラインで行う機会も増えました。昭和真っただ中、「飲みニケーション」が活発だった80年代。「ＰＡＯ～Ｎ」にとって屋台が会議室。放送が終わると沢田さんは番組スタッフとよく屋台に行っており、雑談から新しい企画が生まれたそうです。

「ＰＡＯ～Ｎ　ぼくらラジオ異星人」は男性からとても大きな支持を得た反面、女性は少なかったと言われています。ほぼ同じ時間帯にＲＫＢ毎日放送で放送されていた『ＨｉＨｉＨｉ《ハイハイハイ》』（１９８６年4月スタート）は甘いルックスの俳優、山崎銀之丞さんがパーソナリティー。その頃の女性リスナーはこの番組を聴いていたという説もあります。

ところがどの世界にもコアなファンはいるもの。「ＰＡＯ～Ｎ　ぼくらラジオ異星人」の女性リスナーによる「沢田幸二ファンクラブ」が創設されたことをご存じでしょうか。会報「だよ～ん」は３カ月に１度、作られていました。当時、このファンクラブを立ち上げた女性は、どんな真っ当な人生を歩んでいるのか。今でも沢田さんのファンなのか。ひょっとして〝ゾンビ〟リスナーなのか、気になるところであります。

本書の対談でも語られていますが、「PAO～N　ぼくらラジオ異星人」を作るうえでパクったのが「吉田照美のてるてるワイド」（文化放送）です。照美さんと沢田さんは似たところがあります。一つはおふたりとも番組を立ち上げた時に冠番組を持っていなかったこと。

60年代後半～70年代は局アナがパーソナリティーを務める番組が人気を博していました。代表格はニッポン放送の「大入りダイヤルまだ宵の口」。75年4月に高嶋秀武アナウンサー（当時は高島ヒゲ武）を据えて始まりました。その後、波多江孝文さん（はた金次郎）、高橋良一さん（くり万太郎）の両アナウンサーが登板。文化放送はまだ無名だった照美さんをてるてるワイドに抜擢し、ヒット番組に駆け上がっていきました。

ラジオは有名無名を問わず、パーソナリティーが面白ければリスナーはついていくもの。アナウンサーを起用するのは制作費が少ないからという理由がありますが、67年10月に始まった「オールナイトニッポン」（ニッポン放送）も初代パーソナリティーの糸居五郎さん、斉藤安弘さん、今仁哲夫さんらのアナウンサーがリスナーを魅了しました。制作局員だった亀渕昭信さんもパーソナリティーに起用され、斉藤アナウンサーとのコンビ「カメ&アンコー」が歌った「水虫の唄」は20万枚を超えるヒットになったほどです。

番組を立ち上げたときのスタッフが、まだ実績がなかったパーソナリティーの面白さを見抜いて起用したことも共通します。てるてるワイドは林山武人さん、「PAO〜N」は窪田雅美さん。そして、てるてるワイドの面白さに気付いたのが「PAO〜N　ぼくらラジオ異星人」。両番組は出会うべくして出会った番組なのです。

「PAO〜N」の人気は昼ワイド番組に移ってからも衰えません。その魅力は、雑談、地域の話題、ネタコーナーの絶妙なバランスにあります。なかでもネタコーナーは夜ワイド時代の雰囲気がそのまま。昼の番組は夜より幅広い年齢の人が聴いています。一般的な昼のワイド番組は上品な内容の投稿が並びがちですが、「PAO〜N」に寄せられるネタはフリーダム。仕事や家事の途中で周りに見つからないように、くだらないネタをせっせと考えているリスナーの脳内は10代の頃に若返っているに違いありません。番組でネタが読まれた瞬間、一人でニヤニヤしていることでしょう。

沢田さんの立ち位置は夜ワイド時代と現在では異なります。夜ワイド時代はリスナーをリードするお兄さんのような存在。今は共演者のしゃべりを聞きながら、的確なツッコミでさらに面白い話を引き出します。笑いは緊張から解き放たれて緩和したときに起こると言われます。沢田さんはメリハリのある雰囲気づくりに長《た》けており、真面目なコーナーではキッチリと進行し、フリートークやネタのコーナーでは共演者が生放送中であることを忘れてしゃべってしまうような自由な空気を作ります。

また、沢田さんは共演者が出演する番組をチェックしています。このすごくマメなところも「PAO〜N」を面白くしていて、オンエアで矢野ぺぺさん（パラシュート部隊）に「この間、テレビでホワイトボードに書いた漢字を間違えとったやろ」とチクリ。いわぶ見梨さんには「その話、前に『めぐみのラジオ』（KBCラジオ）でもしゃべっとったやろ（笑）」とニヤリ。この番組は毎週土曜の7時15分から生放送しているので、沢田さんは休日も早起きしているのです。共演者にとっては油断も隙もありませんが、嫌味なく笑いに変えてくれるのがありがたいところ。「PAO〜N」のお父さんは、それぞれのメンバーの活躍を温かく見守っているのです。

パーソナリティーが歳を重ねると気になるのが健康。リスナーの願いは沢田さんがこれからも元気でマイクの前に座り続けることです。現在、帯番組のパーソナリティーの最高齢は浜村淳さん、89歳。MBSラジオ「ありがとう浜村淳です」（24年4月から土曜のみの放送になる予定）は放送開始から50年を迎えます。沢田さんもあと20年はいけます。その頃には70代、80代になる〝ゾンビ〟リスナーも「沢田さんも長生きしてくださいッ！」と言いながら、懲りずにティッシュペーパーの空箱投げ大会にやって来ることでしょう。

Thank you so much!

PAO~N パオ～ン

放送開始40周年企画

一挙紹介！

長年の愛聴に感謝して、2023年5月からスタートした周年企画。
記念グッズを作り、ポッドキャストを始め、特別番組を放送し、イベントを開催。
過去最大規模の企画をまとめて紹介します。

限定オリジナルTシャツ

記念Tシャツ

胸に沢田の口癖「naika naika（ないか ないか）」、背に「Since.1983.5.30 40th Anniversary」をプリント。カラーは赤でおしゃれな雰囲気が好評だった。

「水と緑」バージョン

九州各地の災害復興支援や防災活動を支援する、「水と緑のキャンペーン」の期間中に販売したTシャツは白（写真上）と青を製作。売上の一部は「水と緑の基金」に寄付した。

「ハッピーバースデーの人、大集合！」

＜2023年5月30日開催＞

誕生日が放送開始日と同じ5月30日の人限定でTシャツを贈呈。来場者 に1983年5月30日生まれのリスナーがいて、急遽番組に出演した

「ティッシュペーパー空箱投げ大会」

＜8月11日開催＞

同キャンペーンの特番内で公開空地から中継。「PAO～N」を含む3番組のパーソナリティーとリスナーがチームになり対戦。投げた空箱はリサイクルするエコなイベント

「チャリティ・ミュージックソン」バージョン

「目の不自由な方へ音の出る信号機」を合言葉に展開する「ラジオ・チャリティ・ミュージックソン」。期間中、胸に「ないか ないか」の点字を施した長袖Tシャツを製作し、販売。

「ラジオ・チャリティ・ミュージックソン」公開生放送 ＜12月24日開催＞

福岡市・東浜の「ゆめタウン博多」から公開生放送した際、会場で長袖Tシャツを数量限定販売。1枚につき、500円を「とおりゃんせ基金」に寄付した

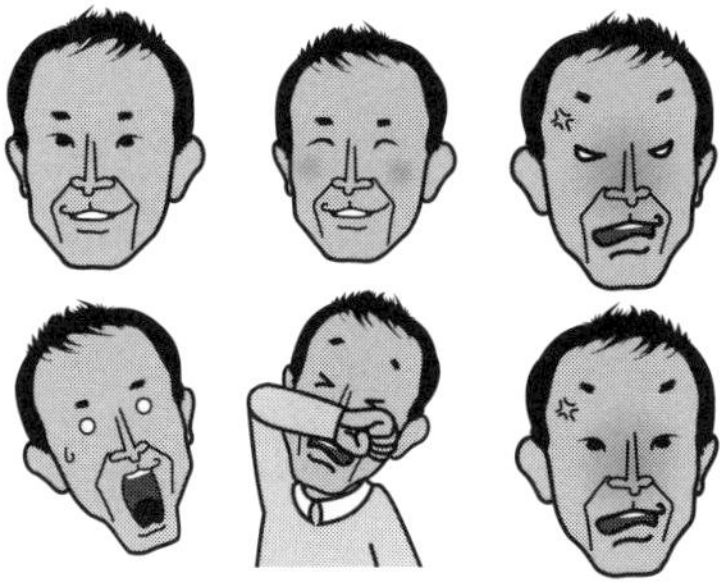

エグアナのスタンプ2

LINE スタンプ

40周年にちなみ、40個のLINEスタンプを販売。沢田の表情豊かなイラストにコメントがついたもので定番の「おつかれさま」「よろしく!」から「行く行くベルサイユ条約」など、個性的なスタンプがそろう。

ポッド キャスト

「PAO～Nくだらない!! ポッドキャスト」

番組で過去に放送したネタコーナーや思いつき企画、地上波では流せないトークなど、ここでしか聴けない内容を届ける。毎週金曜20時ごろに配信中。

ここに幸ありおせちあり 始終（四十）、匠に魅かれます

おせち

「匠本舗」とコラボし、リスナーと一緒に作り上げた「PAO～N」オリジナルおせち。40周年記念で40品の豪華な内容。おせちの名前はリスナーが名付け、購入者特典はリスナー投票で選ばれた特製ぐい呑み「サワダグイノーミ」。

「おせちダジャレ大会」 ＜10月11日＞

参加者がおせちの40品目から選んだ1品の料理名を使った、ダジャレを披露した

特別番組

復活！ PAO～N ぼくらラジオ異星人 ＜12月30日放送＞

33年ぶり、一夜限りで復活した「PAO～N　ぼくらラジオ異星人」。21時から3時間30分の生放送で沢田幸二と奥田智子の同期アナがパーソナリティーを務めた。懐かしい面々が集まり、大盛り上がりの放送となった。

冒頭から大爆笑！　一気に1980年代へタイムスリップした様子の沢田と奥田、当時大学生アルバイトだった中郷ライパチ（右）

今回、ラビット浦山（右）は「キャンパス漫遊記」で福岡市内の高校へロケに行き、当時を懐かしんだ。放送中、奥田は浦山の放言に苦笑い

元「DJギャル」、RKB毎日放送の下田文代さんも出演。「当時、人気絶頂だった『PAO～N』に出られたことは良い思い出です」

33年ぶりの「サイン盛り」。「今日も元気だ メシがうまい～電話で世間ばなし～」に出たリスナーへ贈った

人気コーナー「ハニワの部屋」は、ハガキでネタを募集。180通以上も集まった。「字が汚い～」とつっこむ沢田

無事にオンエアを終え、記念撮影。放送前から思い出話に花が咲き、さながら同窓会のようだった。お疲れ様でした！

夜ワイド時代、大学生アルバイトだった佐藤すけこま（現・KBCラジオプロデューサー）がディレクターを務めた

イベント

PAO～N 40周年大感謝祭 ＜2024年2月25日＞

パーソナリティー全員参加（のはずだった）イベント。開場と同時に多くのリスナーが来場し、大盛況！　ステージは会場で集めたネタを紹介する「大喜利コーナー」など、スペシャルな内容を届けた。

オンエアさながらの「前ピン」で始まり、パーソナリティーが登場。オフエアイベントということで、きわどいコメントが連発し、笑いを誘った

沢田らが出展ブースを訪れた先々で人だかりに。顔を合わせて触れ合えることも、リアルイベントの醍醐味。気軽にサインや写真撮影に応じた

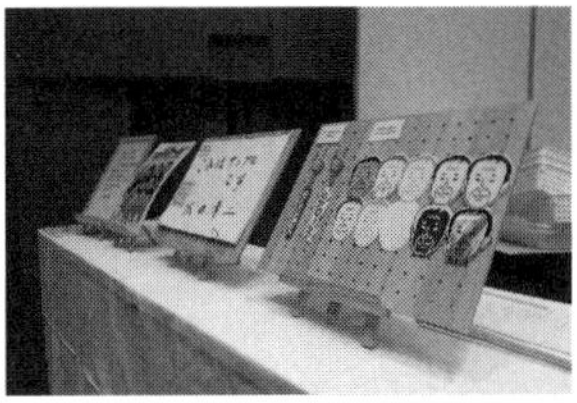

ステッカーやキーホルダー、「前ピン」用原稿用紙など、オリジナルグッズを販売。用意したものが早々に完売した

タイム
テーブル

2023年7月～9月（右）、24年1月～3月のKBCラジオのタイムテーブルは、「PAO～N」40周年仕様に。若かりし頃の沢田の写真が満載。23年7月～9月は、書き下ろしの前ピンを掲載した。

パーソナリティー大集合!

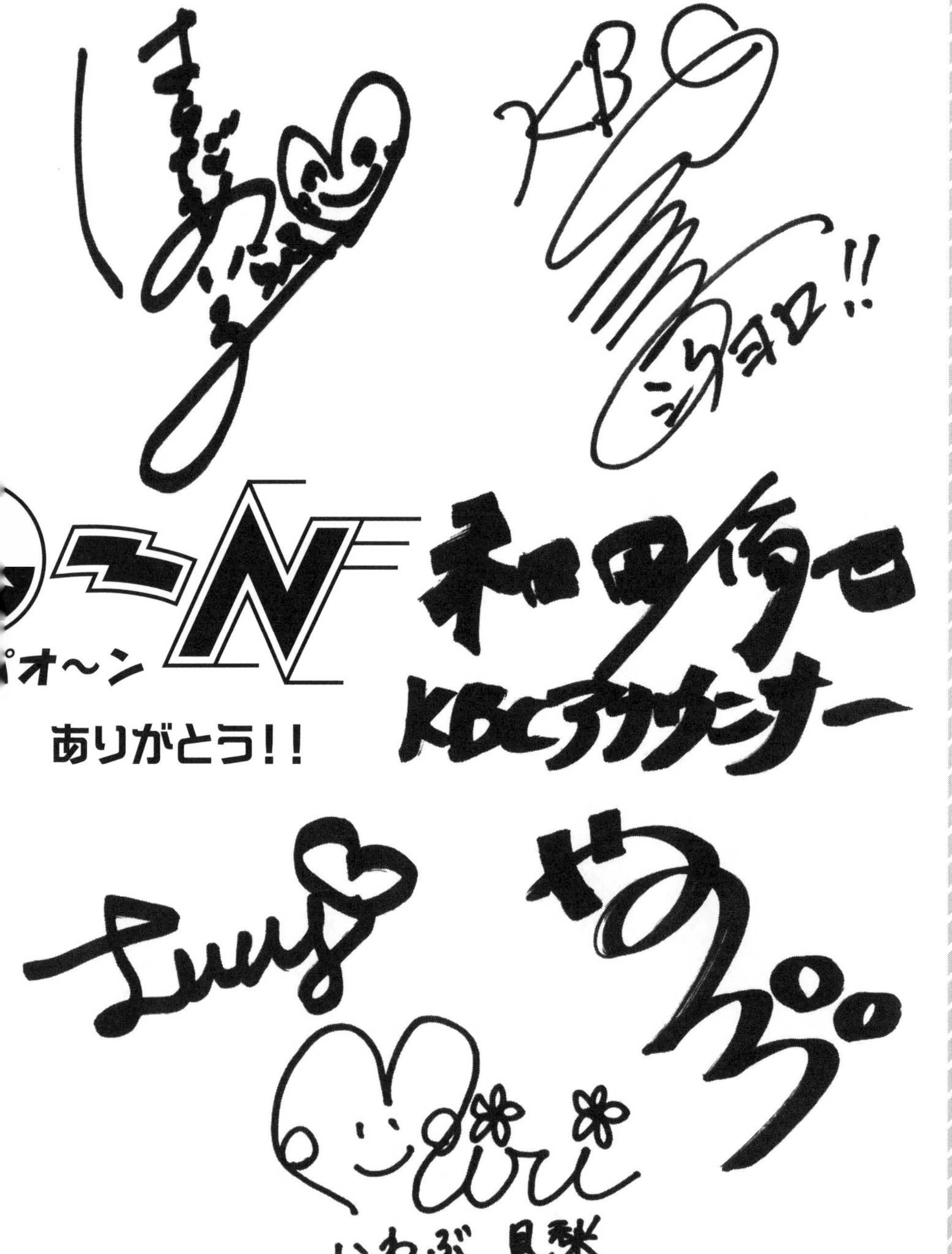

復活！「サイン盛り」

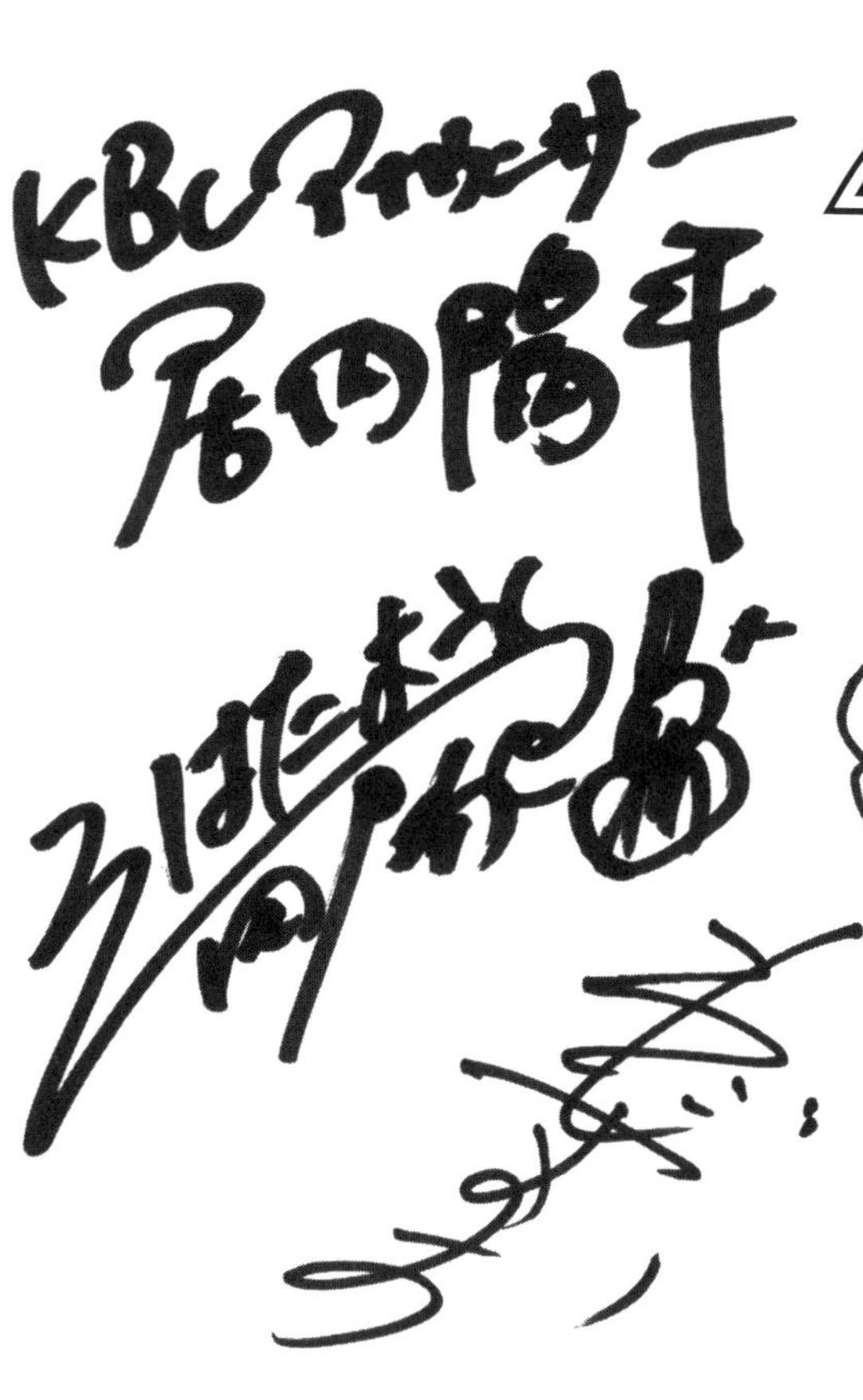

放送開始40周年

アフタートーク（おわりに）

「40周年記念だからさあ……」

「先に言ったもん勝ち」だったなとつくづく思う。

「それが何か？」と言われたら身もふたもなくなってすぐに引っ込めたであろう、2023年度の周年企画。スタッフが一生懸命考えてくれたアイデアを1年かけて実施した上での集大成がこの本の出版だった。大好きな人々との縁と奇跡的なタイミングが積み重なって出来上がった1冊だ。

西日本新聞社の和気寛之さんからお話をいただいた時には正直「えっ？　本気？　こんな番組が本として成立する？」という心配と申し訳なさでいっぱいだった。

でも和気さんはどうやら本気だったようで何度も番組を見学し、スタッフと人間関係を築き精力的に取材してくださった。私が忘れていた過去のエピソードも改めて掘り起こしてくれる手練《だ》れのインタビュアーでもあった。

夜の「ＰＡＯ～Ｎ　ぼくらラジオ異星人」時代は、若さに任せて体を張ったくだらないことをいろいろやった。

当時は、やらせてもらえるだけのお金も人も潤沢だったし、やっぱり１９８０年代という時代も大きかった。90年代の到来とともに番組は一旦幕を閉じ、13年後にまさかのお昼帯での番組復活。

その際もいろいろな縁があってすてきな出会いが待ち構えていた。映画評論家のおすぎさんには映画の観方はもちろん、差別されることの理不尽さ、今でいうジェンダーフリーな立ち位置はどうあるべきかなどいろいろ教わった。おすぎさんが番組で放った名言で今でも一番好きなのが「おかまがおかまと名乗って何が悪い！」だ。そのおすぎさんをきっかけに、小説家の髙田郁さんがネタを投稿するほどのリスナーになってくださったり、爆笑問題の太田光さんが「前ピンってやばいよ」と広めてくれたおかげで全国からもメールが届くようになった。

博多在住のエッセイスト、大庭宗一さんは博多っ子の気質やこの地で生きていくことの意義を教えてくださった。

私より年長の人たちが夜の時代にはなかった成熟した大人のテイストを、昼の「ＰＡＯ～Ｎ」にもたらしてくれた。何より私が薫陶を受けたことが大きかった。

今の番組パートナーは同級生の和田安生君を除く全員が年下だが、みんなラジオを愛している。

彼らとの世代間ギャップ剝き出《む》しのトークを全開！　それもまた楽し！　というスタンスで日々楽しくしゃべらせてもらっている。プロデューサーもディレクターも全員が年下。スタッフたちは父親世代の私に遠慮なくつっこむ。

「そんなの今は常識ですよ」「そのおやじギャグ、今はアウトです」

66歳になった今でも若いスタッフらとチームを組んで番組を作ることができる喜び。彼らに会わせてくれた縁には感謝しかない。

だから、まだまだ老け込んでる場合じゃないのだ。誰が言ったか忘れたが「青春とは心の若さ」である。私の気持ちは15歳のハガキ職人だった少年のまま。谷村新司の「セイ！ヤング」（文化放送）に夢中になっていた、あの時のラジオ愛は今も持続中。今でもネタコーナーが大好きだし、ゆるくてするどいトークが大好物だ。

というわけで、ラジオ大好きな人たちにこの本が、「次の世代にラジオという松明《たいまつ》がちゃんと受け継がれますように」と思ってもらえるきっかけになればものすごく幸せだ。

２０２４年2月

沢田幸二

PAO〜N パオ〜ン　毎週月曜〜金曜　13時〜16時

KBCラジオ PAO〜N

九州朝日放送（KBC・福岡市）で1983年5月30日に放送を開始した、平日夜のワイド番組「PAO〜N ぼくらラジオ異星人」。福岡の中高生リスナーから圧倒的な支持を集めながらも90年4月6日で放送を終了。その後、2003年3月31日に平日昼のワイド番組「PAO〜N」として復活し、現在も放送中。メインパーソナリティーは、同局アナウンサーの沢田幸二。曜日ごとに個性豊かなパーソナリティーが登場する。「キャンパス漫遊記」「恋の伝言板」「音楽捕物帖」など、数々の名物コーナーを生み出し、熱烈なリスナーが全国に存在。23年5月30日に放送開始40年を迎えた。

☆ホームページ
https://kbc.co.jp/pao-n/

☆X
@kbc_paon

☆Youtubeチャンネル
「PAO〜N TV」

☆ポッドキャスト
「PAO〜N くだらない!!ポッドキャスト」

メインパーソナリティー
沢田幸二（九州朝日放送アナウンサー）

パーソナリティー
居内陽平（九州朝日放送アナウンサー）、いわぶ見梨、コガ☆アキ、波田陽区、
原田らぶ子、深瀬智聖、松村邦洋、矢野ぺぺ（パラシュート部隊）、
ルーシー、和田安生、和田侑也（九州朝日放送アナウンサー）
※五十音順

KBCラジオプロデューサー
佐藤雅昭
プロデューサー
乙部奈瑠美
ディレクター・ミキサー
西口明里、渡口真希、松﨑健太、谷口順子、古川大介
アシスタントディレクター
河原照子、堺美久里

※本書は書き下ろしです。
※人物の名前は敬称略（一部）です。
※掲載の情報は、2024年2月末現在のものです。

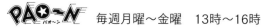

われらラジオ異星人《いせいじん》

みんなと歩《あゆ》んだ地方番組《ちほうばんぐみ》の裏側《うらがわ》

2024年３月30日　初版第１刷発行
2024年４月22日　初版第３刷発行

著　者　KBCラジオ PAO〜N
発行者　柴田建哉
発行所　西日本新聞社
〒810-8721　福岡市中央区天神１-４-１
TEL 092-711-5523（出版担当窓口）
FAX 092-711-8120

監修・執筆　やきそばかおる
ブックデザイン　成原亜美（成原デザイン事務所）
DTP　増井善行、上野幸子（西日本新聞プロダクツ）
撮影　ハラエリ（11〜51頁、59〜105頁、113〜128頁、134〜139頁）
いわいあや（141〜183頁）
撮影協力　国際飯店、文化放送
編集協力　首藤厚之（西日本新聞プロダクツ）
編集　和気寛之
印刷・製本　シナノパブリッシングプレス

ISBN 978-4-8167-1013-1　C0095　

西日本新聞オンラインブックストア　https://www.nnp-books.com/